KB179815

SBS 창사특집

괴물과 나

고래와 나

©SBS 창사특집 제작진·홍정아 작가·이큰별 PD·이은솔 PD 2024

초판 1쇄 발행 2024년 05월 01일
초판 2쇄 발행 2024년 05월 08일

지은이 | SBS 창사특집 제작진·홍정아 작가·이큰별 PD·이은솔 PD
펴낸이 | 김종필
펴낸곳 | ㈜아트레이크ARTLAKE

글 SBS 창사특집 제작진·홍정아 작가·이큰별 PD·이은솔 PD
기획·편집 진유림
마케팅 한보라
디자인 박선경

등록 제2020-000231호 (2020년 10월 27일)
주소 서울특별시 마포구 어울마당로 5길 36, 삼성빌딩 3층
전화 (+82) 02 517 8116
홈페이지 www.artlake.co.kr
이메일 artlake73@naver.com

SBS 창사특집 〈고래와 나〉 Copyright ⓒ SBS
이 프로그램의 단행본 저작권은 SBS를 통해 저작권을 구입한 아트레이크에게 있습니다.
저작권법에 의해 보호를 받는 저작물이므로 무단 전재와 무단 복제를 금합니다.

판매 정가의 일부를 플랜오션과 환경재단에 기부합니다.
여러분의 책 한 권 구매가 고래와 환경을 생각하는 곳으로 이어집니다.

ISBN 979-11-986338-4-2 (03490)

책값은 뒤표지에 적혀 있습니다.
파본은 본사나 구입하신 서점에서 교환하여 드립니다.

SBS 창사특집

고래와 나

SBS 창사특집 제작진

·

홍정아 작가

·

이큰별 PD

·

이은솔 PD 지음

ART LAKE

차례

프롤로그

"고래를? 지금 왜?? 혹시, 그 드라마 때문에???"

고래로 4부작 다큐멘터리를 준비하고 있다는 얘기를 할 때마다 들던 반응이었다. 대부분의 사람들이 2022년 방영해 큰 인기를 끌었던 드라마 때문이라고 생각했다. 주인공인 자폐스펙트럼 장애를 가진 변호사가 틈만 나면 읊어대는 고래 이야기가 시청자들을 매료시켰고 덕분에 고래를 잘 모르는 사람들도 고래에 관한 관심이 높아지고 있었다. 맞다. 분명 그 영향이 있다. 다큐멘터리의 중요 조건 중 하나가 시의성인 만큼, 고래는 소위 '먹히는' 기획이다. 게다가 고래는 지구의 환경변화를 가장 잘 보여주는 전달자로 알려져 있으니 명분과 의미도 차고 넘쳤다. 그럼에도 불구하고 사람들이 '의미있겠네! 재미있겠네!' 가 아닌 '그걸 왜?'라는 반응을 보이는 건, 우리가 만들어야 하는 것이 소설이나 동화, 드라마가 아니라 있는 사실을 그대로 촬영해서 보여주는 다큐멘터리이기 때문이다. 즉, 고래를 직접 만나기 위해 쫓아다니며 촬영을 해야 한다는 의미다. 지구에서 가장 거대하고, 가장 먼 거리를 이동하며, 가장 베일에 싸여 있는, 심지어 우리 바다에선 좀처럼 볼 수 없는 그 신비한 동물을 말이다. 따라서 "왜?"라는 반응 속에 숨은 속뜻은 'WHY'가 아니라 'HOW'였을 것이다.

"대한민국에서 고래 다큐멘터리를? 그것도 1년 만에?? 이 적은 인원으로???"

의문이 아닌 걱정이었다. 그럴 수밖에 없었던 건, 〈고래와 나〉가 3년 만에 어렵게 부활한 SBS 창사 특집이었기 때문이다. 2005년 시작돼 15년 동안 매주 1편씩 방송하던 SBS의 대표 다큐멘터리 프로그램 〈SBS 스페셜〉이, 2020년부터 '시즌제'로 전환되면서 '창사 특집'과 '신년 특집'은 제작이 중단됐다. 시즌제는 대부분 중장기 기획으로 2부작, 3부작 시리즈이기 때문에 굳이 창사 특집과 신년 특집이 필요하지 않았다. 특히 창사 특집은 글로벌한 기획과 1년 내외의 장기취재가 담보되어야 하는 만큼, 해외 취재가 어려웠던 코로나 시국에 제작이 힘들었던 탓도 있었을 것이다. 그런데 3년 만에 다시 창사 특집을 부활시킨단다. 심지어 앞으로 창사 특집을 계속 제작할지 말지는 이번 방송의 성패에 달려 있다고 했다. 화제성이나 시청률을 따지기에 앞서 과연 무사히 방송을 할 수 있겠느냐가 모두의 관심사였다. 그도 그럴 것이 고래는, 섭외가 가능하지 않기 때문이다. 그렇다고 보통의 다큐멘터리를 찍을 때처럼 무작정 쫓아다니거나 죽치고 앉아 기다릴 수도 없는 노릇이었다. 고래들이 사는 곳은 광활한 바다니까.

"고래로 4부작씩이나? 창사 특집으로 자연 다큐멘터리를?? 재미...있을까???"

이큰별 피디의 뚝심이 없었다면 시작조차 하지 못했을 여정이었다. 이큰별 피디의 연락을 받고 주제가 고래라는 얘기를 들었을 때 나 역시 똑같은 질문을 했기 때문이다. 심지어 나는 화제의 그 드라마를 매우 좋아했으면서도 고래에 대해서는 크게 관심이 없었다. 게다가 창사 특집이라면 그 시대의 화두를 던지는 주제를 기획하고 방송해야 한다고 굳게 믿는 사람 중 하나였다. 고래로 무슨 화두를 던진단 말인가? 지금 대한민국이 자연 다큐멘터리를 보며 좋아할 만한 상황은 아니지 않나? 그런데 왜, 이 무모한 도전에 기꺼이 동참했을까.

가장 큰 이유는 일종의 '충격' 때문이었다. 큰 관심은 없었지만, 모른다고 생각하지는 않았다. 그런데 이큰별 피디가 내민 기획안과 자료들을 보며 '내가 이토록 고래에 대해 무지했나?' 하는 생각이 들었다. 고래에 관심이 없었던 이유는 고래를 잘 알지 못했기 때문이라는 걸 깨달았다. 20년 넘게 시사 교양 다큐멘터리를 집필하며 웬만한 상식과 지식은 평균 이상으로 보유하고 있다고 자부했던 스스로가 부끄러워졌다. 그리고 제작을 하면서 대부분의 사람들이 나와 비슷하다는 걸 알게 됐다. 다큐멘터리를 좋아하고 방송 좀 안다는 이들조차 고래로 4부작을 한다고 했을 때, '고래로 4부작이나 할 얘기가 있나?'라는 반응이었지만 방송을 보고 난 후에는 '내 생각이 짧았다. 이런 이야기일 줄 예상 못했다. 알려줘서 고맙다.'라는 감상평을 보내왔다.

사실, 4부작으로도 다 담지 못한 이야기들이 많다. 마냥 꿈이라고 생각했던 일들이 하나둘 눈앞에 현실로 이루어지면서 점점 욕심이 생겼고, 그러다 보니 4부작에 다 담을 수 없을 만큼의 방대한 분량을 취재하고 촬영하게 됐다. 우주보다 더 모른다는 고래였기에...대부분의 내용이 새로웠고 신비로웠고, 설렜고, 감동적이었기 때문이다. 한정된 시간 때문에 아쉽게 방송에서 **빼야** 했던 많은 이야기들을 조금이나마 이 책에 담으려고 노력했다. 이 무모한 도전을 묵묵히 지켜봐 주시고 격려해 주시고 도와주셨던 많은 분들에게 깊은 감사를 드리며 이 책이 그 고마움에 대한 작은 보답이 되길 바란다.

고래와 함께 했던 지난 1년, 고래와 함께 여행을 한 기분이다. 햇살이 비치는 따뜻하고 아름다운 바다도 있었고, 폭풍우와 거친 파도를 헤쳐야 했던 숨 막히는 바다도 있었다. 그 길고 멀고 험난한 여정을 끝낸 지금, 감히 말하고 싶다. 꿈은 이루어진다. 간절히 바라고 소망한다면.

홍정아

추천사

환경 보전 NGO의 후원을 유도하는 광고 방송 주제가 굶어 죽는 북극곰인 적이 있었는데, 후원자 중에 북극곰에게 사료를 보낸 건지, 안전한 보금자리를 마련해 준 건지 묻는 분들이 계셨다. 이에 정부, 기업을 상대로 기후 위기를 막는 여러 활동을 한다는 답변을 드렸는데 불같이 화를 내셨다. 자연 생태계에 대한 이해가 적기 때문이었다고 생각한다. 실제로 많은 사람들이 자연은 소중하고 아름답지만 나와 직접적인 관련은 그다지 없다고 생각한다. 그리고 최근 기후 위기며 플라스틱 등 문제가 생기고 그게 인간 때문이니 보기 불편하고 해답도 없는 것 같다. 자연은 멀리 있는 신비롭고 아름답고 때로는 무서운 대상이 아니라, 우리가 속해 있는 곳이다. 그리고 고래는 우리와 같이 자연에서 살아가는 동지이며 지금 무너져가는 자연 속에서 우리에게 올 미래를 대신 겪고 있다. 누군가 이런 사실을 이야기해 주어야 한다. 실상을 알려주고 인간이 무얼 해야 하는지 자꾸 물어주어야 한다. '고래와 나'는 고래와 자연에 익숙하지 않은 독자들에게 이런 이야기를 들려준다. 화내지 않고 부드럽게. 고래와 나는 바로 너와 나의 이야기라고.

이영란
수의사

"고래의 ***"도, "###한 고래"도 아닌 "고래와 나".

지금까지 바라보는 대상으로서의 고래만 생각하다, 내가 고래와 나란히 설 수 있는 존재일까? 스스로를 되돌아보는 기회가 되었다. 〈고래와 나〉 다큐멘터리는, 같이 살아가고 있지만 잘 몰랐던 존재 고래가 우리 옆에 있고 우리와 같이 살아가고 있고, 같은 위협을 받고 있다는 상황을 느낄 수 있는 기회가 되어 준 영상이었다고 생각한다. 일반적으로는 쉽게 촬영하기 힘든 고래의 생태를 멋진 영상으로 보여주신 다큐멘터리 제작자분들의 이야기를, 이렇게 책이라는 다른 속도로 만나 볼 수 있게 되어 정말 반갑다. 이 책을 보시는 많은 독자들께서 다시 한번 고래와 눈을 맞추는 소중한 시간을 가져 보시기 진심으로 바란다.

이경리
국립수산과학원 고래연구소 연구사·수의학박사

고래는 지구에서 가장 독특한 포유류이다. 진화의 역사를 거스르며 육지에서 다시 물속으로 돌아갔고, 바다 환경에 적응한 결과 지구 역사상 가장 큰 몸집을 가지는 종도 생겨났다. 때가 되면 수면으로 올라와 사람과 똑같이 폐로 숨을 쉬어야 하고, 물속에서 새끼를 낳아 사람과 똑같이 젖을 물려 키운다. 사람들이 고래에 매료되는 것은 어찌 보면 당연한 일일지도 모른다. 나와 같은 포유류라는 동질감, 포유류이기 때문에 겪어야 할 많은 수고와 불편함을 감수하고 물속에서 살아가는 신비로움, 경외감을 불러일으키는 커다란 몸집까지. SBS 창사 33주년 특집 다큐멘터리 〈고래와 나〉, 그리고 동명으로 발간되는 이 단행본에는 여러분이 상상하는 신비한, 매혹적인 고래의 모습이 가득 담겼다. 하지만 이 책의 진가는 불편함에 있다. 현재 고래들이 겪고 있는 여러 위기를 가감 없이 보여준다. 그리고 이 문제들의 대부분은 인간으로 인해 만들어진 것임을 알려준다. 그래서 이 책을 끝까지 읽은 독자들은 아마도 불편해질 것이다. 지금껏 당연히 누려온 편안함을 포기하고 양보해야만 할 것 같은 마음이 들 것이기에. 그래서 나는 독자 여러분께 이 책을 추천하고 싶다. 우리 이제는 조금 덜 누려도 되지 않겠느냐고, 익숙함을 떨치고 약간의 불편함을 감수하려는 노력을 함께 해볼 수 있지 않겠느냐고 격려하고 싶다. 물속에서 살아가기 위해 많은 것을 포기한 고래처럼 말이다. 그리고 고래를 위한 우리의 노력은, 심각한 위기에 처한 고래들만을 위해서가 아닌, 결국 인간을 포함한 지구의 모든 생물을 지키는 길임을 이 책의 마지막 장을 덮으며 깨달을 수 있을 것이라 믿는다. 이 멋진 프로젝트를 진행해 주신 관계자 여러분들의 노고에 고래 보전을 위해 연구하는 수의사로서 감히 고래를 대신하여 감사의 인사를 드리며, 이 책의 메시지를 통해 조금은 나아질 우리의 고래, 우리의 바다, 우리의 지구를 기대하며 기쁜 마음으로 마침표를 내려놓는다.

김선민
수의사, 박사 후 연구원 (충북대학교 의과대학)

1부

우리가 꿈꾸던
머나먼 신비

1. 고래 몽(夢)

그것은…꿈이었다.

꿈이란, 간절한 소망 혹은 현실에서 이루기 매우 어려운 목표를 의미한다. 인간보다 먼저 지구에 살고 있었던 고래지만, 우리가 고래에 관해 알고 있는 건 거의 없기 때문이다.

> "우주를 연구하는 데는 수십억 파운드를 쏟아부었지만, 동물의 행동
> 에 대한 연구에는 그 정도의 돈을 쓰지 않습니다. 고래는 외계인보다
> 더 신기한 존재인데 말이죠."
>
> -톰 무스틸(영국 자연 다큐멘터리 감독)-

쉽게 볼 수 없어 잘 알지 못하고, 좀처럼 만날 수 없어 더더욱 신비로운 존재. 그래서 보는 순간 동경하게 되고 만나는 순간 빠져드는 마법 같은 존재. 우리에게 고래는…꿈이었다.

꿈을 이루기 위해 가장 먼저 할 일은 이 길고 멀고 험난한 여정을 함

께할 동료를 찾는 것이었다. 고래를 가장 좋아하는 사람, 고래에 대해 가장 많이 아는 사람, 그리고 고래를 가장 많이 본 사람이 필요했다. 한 두 번 본 이들이 아닌, 오랫동안 본 사람들 말이다.

그래서 그들을 만났다. 벌써 7년째 고래를 쫓고 있다는 노장 감독 2인방. 40년 넘게 전 세계 바다를 누비며 땅보다는 물속에서 산 날이 더 많다는 수중 촬영계의 거장 김동식 감독, 그리고 30년 가까이 대자연을 포착하기 위해 남극에서 북극까지 모든 대륙을 섭렵한 육상 촬영계의 보석 임완호 감독이다. 대한민국 자연 다큐멘터리계의 대들보라 불리는 그들의 시선이 그토록 오랫동안 고래에 머물게 된 이유는 뭘까.

"뭐라고 해야 되나...내 마음에 다가왔다고 그래야 되나? 어떤 그 신과 같은 존재를 내가 대면하고 있다. 라는 느낌을 종종 받아요. 아, 얘들은 진짜 보통 애들이 아니다. 어떻게 이렇게 클 수가 있으며 항상 압도돼요. 실제 대면해보면 이들은 동물이 아니에요."

-임완호 촬영감독-

"내가 젊었을 때 우리 와이프에 첫눈에 반했듯이 하와이에서 처음 봤을 때 딱 반한 거예요. 저기 한 30미터 떨어진 곳에서 혹등고래 2마리가 쫙 오는데 보는 순간 눈물이 나더라고. 특별한 행동을 한 것도 아닌데 가슴이 둥당둥당 뛰고 막 벅찬 거예요." -김동식 수중 촬영감독-

▲ 임완호 촬영감독

▲ 김동식 수중 촬영감독

경이로우면서도 한없이 사랑스런 존재. 그것이 7년간 고래를 마음에 품고 지구 끝까지 쫓아다니게 된 이유였다고 한다. 더 이상의 설명이 필요 없었다. 그 마음 하나만으로도 이 길고 멀고 험난한 여정을 함께 하기에 충분했다. 이들과 함께라면 우리에겐 꿈만 같았던 그 고래를, 마침내 눈앞에 마주하게 될 것이다. 그렇게 우리는 꿈을 이루기 위한 길고도 험난한 여정을 시작했다.

악몽으로 시작된 첫 만남

그것은...악몽이었다.
우리가 고래를 처음 만난 곳이 해외가 아니라
바로 대한민국이었다는 사실은.

"나타났어요. 고래가! 그것도 서해예요!!"

　금요일 아침, 갑자기 걸려 온 이큰별 피디의 전화였다. 안 그래도 전
날까지 언제 어디에 가서 어떻게 하면 고래를 만날 수 있을 것인가를
고민하며 회의를 거듭하고 있던 참이었다. 세계지도를 놓고 고래를 만
날 수 있는 나라들을 표시했을 때, 대한민국은 없었다.

▼ 〈고래와 나〉 제작진이 만든 고래 분포지도

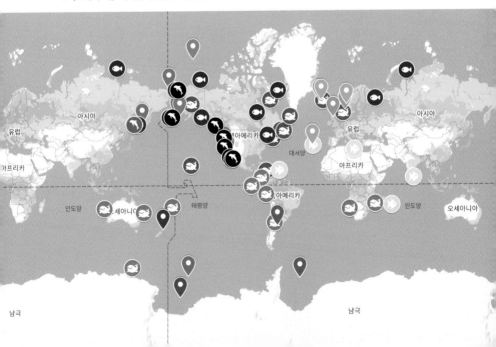

대한민국에서는 울산이 고래의 고장이라 불리기는 하지만, 가끔씩 동해에 밍크고래를 비롯한 대형 고래가 나타나긴 해도 1년에 몇 번 있는 일에 불과했다. 그 요행을 바라며 동해에 진을 치고 있을 수는 없는 일이었다. 요행 없이 안전하게 우리 바다에서 만날 수 있는 고래류는 제주도의 '남방큰돌고래[1]'와 '상괭이[2]'가 전부였다.

▲ 남방큰돌고래

▲ 상괭이

친근하고 귀여운 모습 때문에 많은 이들에게 사랑받는 고래류긴 하지만 경이롭고 신비한 고래의 모습을 전달하겠다는 우리의 목표와는 부합하지 않는 고래류였다. 보는 것만으로도 가슴이 벅차오르는 고래, 즉 대왕고래나 향고래, 혹등고래 같은 대형 고래를 만나려면 가깝게는 스리랑카에서 멀게는 북극까지 무려 5대양을 떠돌아야 했다. 코로나로 2년 넘게 막혔던 해외 출장이 조금씩 풀리고 있었지만, 코로나 이전에 비해 너무나 많은 것들이 변했다. 따라서 90% 이상을 외국에서 촬영해야 한다는 부담감으로 인해 마음이 묵직하고 심란해지고 있던 때였다.

---

1 참돌고래과에 속하는 고래로 '연안 정착성'의 특징 때문에 태어난 지역을 크게 벗어나지 않는다. 그래서 우리나라에서는 제주에서만 발견된다. 평균 수명은 40년. '제돌이', '복순이', '비봉이' 등이 모두 남방큰돌고래.

2 쇠돌고래과에 속하는 고래류로 아시아에만 분포한다. 성체 크기는 2미터를 넘지 않으며 평균 수명은 20년.

그런데 그때 대한민국에, 그것도 동해가 아닌 서해에 고래가 나타났다는 것이다. 전북 부안에 위치한 '하섬'이라는 곳이었다.

먼저 이 상황을 잘 알고 우리에게 도움을 줄 수 있는 전문가를 찾아야 했다. 1순위는 울산의 고래연구소 이경리 박사. 아직 휴대전화 번호를 입수하지 못하고 있었던 탓에 고래연구소로 무작정 연락을 했다. 긴 신호 끝에 간신히 다급한 목소리의 이경리 박사가 전화를 받았다. 자신도 지금 부안으로 출발해야 하니 자세한 이야기는 만나서 하자며 황급히 전화를 끊었다. 1분만 늦었어도 전화 연결이 안 되었을 만큼 급박한 상황이었다.

1분 1초가 급했다. 방송국에 갈 시간이 없어 집에서 부안 군청과 하섬을 관할하는 격포항 파출소, 격포항 어항 관리 협회 등을 찾아 연락했다. 빠르게 현지 상황을 확인하고 촬영 협조를 구하기 위해서다.

▼ 전북 부안군 하섬

관련자들 모두 긴급히 움직이고 있었다. 고래가 발견된 하섬은 하루에 2번 물이 갈라지면서 길이 열리는 곳이다. 따라서 그 시간을 맞추지 못한다면 섬에 들어갈 수가 없기 때문이다.

취재 차량을 부를 시간조차 없어 이큰별 피디와 오현태 촬영감독이 개인 차량으로 부안을 향해 황급히 출발했다. 다행히 금요일이었음에도 하행선 고속도로의 정체가 심하지 않았던 덕분에 오후 3시, 촬영 팀은 무사히 부안에 도착했다.

마치 창사 특집 다큐멘터리가 아니라 '그것이 알고 싶다'를 제작하고 있는 기분이었다. 수개월간의 기획과 자료조사를 통해 공들여 작성한 촬영계획이 무색할 만큼 예상치 못한 시간에 상상조차 하지 못했던 곳에서 진행된 첫 촬영. 단 5분 만에 촬영을 결정하고 무작정 현장에 내려가 우리가 처음으로 마주한 고래는…몸 곳곳에 섬뜩한 상처가 난 채, 반쯤 감긴 눈이 너무나 처연했던…죽은 고래였던 것이다.

우리가 꾸던 꿈이...혹시 악몽이었던 걸까.

수많은 걱정과 우려 속에서도 고래를 만날 수 있을 거라는 꿈 하나로 버틴 우리에게, 광활한 바다를 자유롭게 누비는 경이로운 고래의 모습을 상상하며 꿈에 부풀어 있던 우리에게, 길이 10미터에 달하는 거대한 몸체를 해변에 뉘인 채, 미동도 하지 않았던 고래의 모습은 어쩌면 우리가 꾸던 꿈이 악몽일지도 모른다는 두려움을 심어주고 있었다.

꿈은 책임감으로

한 번도 상상해 본 적 없는 일이었다.
당연히 촬영해 본 적도 없는 일이었다.
이렇게 큰 사체를 부검한다는 것은.

2004년에 동해 바다에서 발견되었다는 기록만 있을 뿐, 지난 20년 동안 우리 바다에는 한 번도 나타난 적이 없다는 '보리고래[3]'였다. 그런 고래가 20년 만에 동해가 아닌 서해에, 그것도 죽은 채로 발견된 이유는 무엇이었을까.

소식을 듣고 달려온 20여 명의 전문가들이 달라붙어 5일간에 걸친 부검을 진행했고 우리는 그 모든 과정을 하나도 빠짐없이 기록했다. 우리의 꿈이 왜 악몽으로 변했는지를 알아야만 했기 때문이다.

본격적으로 부검이 시작되고 사체 곳곳을 측정한 결과, 죽은 보리고래는 태어난 지 1년 남짓한 것으로 추정되는 새끼 고래였다. 평균 70년을 산다고 알려진 보리고래가 1년을 살고 허망하게 죽었다는 건, 결코 그냥 지나쳐서는 안 되는 일이었다. 현장에 모인 전문가들 역시 모두 같은 생각이었다. 반드시 밝혀야 한다. 새끼 고래가 죽은 이유를.

그 어떤 형용사로도 표현하기 어려운 죽음의 냄새를 견디며 하루 종일 고래 사체를 촬영하기를 3일째, 충격적인 장면이 포착됐다. 내장을 살피던 전문가들의 표정이 변하기 시작한 것이다.

"이게 뭐지?"
"약간 그 느낌 아니야?"
"맞죠? 맞아요. 맞아요."

---

3 수염고래 중 하나로 대왕고래, 참고래 다음으로 큰 고래라고 알려져 있다. 국제자연보호연맹(IUCN)에 멸종 위기종으로 등재되어 있으며, 주로 수심이 깊은 곳을 선호한다.

내장 안에서 만져지는 동그랗고 딱딱한 물체를 보며 서로의 얼굴을 바라보던 전문가들. 내장 안을 갈라 그 실체를 확인한 순간, 현장에 있던 사람들 모두 할 말을 잃고 말았다. 내장 안에서 나온 그 물체는...짐작대로 플라스틱 컵 뚜껑이었다.

말없이 서로를 바라보던 전문가들. 마음속으로 하고 있는 말이 들리는 듯했다.

'도대체...왜...이 물건이 새끼 고래의 뱃속에...??'

악몽이었을까 두려워했던 꿈은...어느새 책임감으로 바뀌고 있었다. '지구에서 가장 거대한 동물을 촬영해 시청자들에게 이 장엄하고 경이로운 장관을 전달하겠다.'에서 '우리가 본 이 충격을, 이 죄책감을,

이 서글픔을…온전히 전달하리라.'로 바뀐 것이다.

　그러기 위해 가장 먼저 해야 할 일은 참혹하게 죽어 있는 이 고래가 살아생전에 얼마나 아름답고 빛나는 생명체였는지를 보여줘야 한다. 지구 끝까지 가더라도 상관없다. 광활한 바다를 헤엄치는 고래를 꼭 만나자. 그렇게 우리의 멀고 긴 여정은 서서히 막이 오르고 있었다. 그때만 해도 알지 못했다. 고래를 만나기 위해 우리가 가야 할 곳이 이렇게 많을 것이라는 사실을.

**Filming Locations in
Thirty Regions in Twenty Countries Worldwide**

1. Seoul, Republic of Korea
2. Buan, Republic of Korea
3. Jeju, Republic of Korea
4. Dokdo, Republic of Korea
5. Yeosu, Republic of Korea
6. Ulsan, Republic of Korea
7. Japan
8. Sri Lanka
9. Mauritius
10. Churchill, Canada

11. Ontario, Canada
12. Hawaii, United States
13. Washington, United States
14. New York, United States
15. Monterey, United States
16. Florida, United States
17. Australia
18. Tonga
19. Mexico
20. United Kingdom

21. France
22. Iceland
23. Norway
24. The Arctic
25. The Antarctic
26. Thailand
27. Mongolia
28. Chincha Islands, Peru
29. Faroe Islands, the Kingdom of Denmark
30. Undisclosed Area

▲ 〈고래와 나〉 제작진이 취재와 촬영을 위해 방문한 국가와 지역목록

2. 고래가 사라진 바다

살아 있는 고래, 그것도 지구상에서 가장 거대하면서도 아름다운, 마주하는 것만으로도 경외심을 느낄 수 있는 그런 고래를 만나고 싶었다. 몸길이만 30미터에 100년 이상 산다는 전설과도 같은 고래, 바로 대왕고래(Blue Whale)[4] 다. 그래서 잡은 첫 촬영지는 대왕고래를 볼 수 있는 곳으로 유명한 멕시코의 '로레토[5]'였다.

자료조사를 하면서 계속 느낀 거지만 고래에 관한 신뢰성 있는 정보는 좀처럼 찾기가 어려웠다. 육지 동물처럼 한곳에 머무르지 않는 데다가 워낙 깊은 바닷속에 살다 보니, 그곳에 고래가 있는지를 관찰할 수 있는 방법은 수면위로 물기둥을 내뿜거나 '브리칭(Breaching-고래가 물 밖으로 높이 솟구쳤다가 몸을 수면에 부딪히면서 떨어지는 행동)'이라 불리는 행동

---

4 지구에서 가장 큰 동물. 북반구 대왕고래는 24~26M, 남반구 대왕고래는 33M에 달한다. 평균 수명은 80~90년. 가장 오래 산 대왕고래는 110살이었던 것으로 추정한다. 과거 14만 마리가 넘었으나 포경으로 인해 현재 1만 마리 정도가 남은 것으로 추산된다.

5 멕시코의 바하 캘리포니아만의 동쪽 해안에 위치한 작은 마을. 매년 대왕고래가 이곳을 찾아와 번식하므로 대왕고래를 발견할 수 있는 세계에서 가장 좋은 장소 중 하나로 알려져 있다.

을 할 때가 전부였다. 그래서 고래가 출몰한다는 지역을 간다고 해도 우리가 간 그 시간과 장소에 고래가 나타난다는 보장이 없었다. 게다가 멕시코는 해외 촬영지 중에서도 촬영 허가를 받기가 까다로운 건 물론, 현지 코디네이터라고 불리는 방송 전문 가이드도 많지 않은 지역이었다. 코로나로 인해 해외 촬영이 거의 중단되다시피 한 탓에 해외에서 활동 중이던 방송 코디네이터 중 상당수가 일을 그만두거나 한국으로 돌아와 있었다.

멕시코 방송 코디네이터 역시 국내에 머물면서 전화로만 멕시코 현지의 상황을 알아보고 촬영 허가를 받기 위해 멕시코 해군과 소통하고 있었다. 고래를 만나려면 바다에 나가 촬영을 해야 하므로, 촬영 허가를 해군에게 받아야 했던 것이다. 군에서 촬영 허가를 받는다는 건, 어느 나라나 녹록지 않은 일이다. 총 2주간의 촬영계획을 세웠고 6천만 원이 넘는 제작비가 소요될 예정이었다. 그런데 출발을 이틀 앞둔 날까지 촬영 허가가 나지 않는 것이었다. 국내 촬영도 장기 출장의 경우 출발 이틀 전까지 일정을 확정하지 않는 경우는 드문데 심지어 지구 반대편으로 가는 출장이 이틀 전까지 촬영 허가를 받지 못하고 있다니...불안을 넘어선 공포가 엄습해왔다. 마냥 넋 놓고 코디네이터만을 믿고 있을 수는 없었다.

사실 촬영 허가 여부보다 더 불안했던 건, 우리가 가는 지역에 정말 고래가 나타나는가 하는 것이었다. 따라서 이미 코디네이터에게 현지 섭외를 부탁해 놓고도 현지에 직접 연락해 크로스체크를 하고 있던 상황이었다. 멕시코 로레토에 대왕고래가 나타나는지를 가장 확실하게 아는 이들이 누굴까. 고민하다가 그 지역에서 고래관광업체를 운영 하는 이들이 떠올랐다. 고래관광으로 먹고사는 사람들이라면 고래의 출몰 여부를 가장 먼저 알 것 같았다. 시차 때문에 해외 취재를 전담했던 해외 리서처가 며칠 밤을 새며 계속 멕시코로 연락을 취하고 있었다. 하지만 아무래도 공공기관이 아닌 멕시코 관광업자다 보니 영어로 소통이 원활하지 않아 어렵게 전화가 연결되어도 끊어버리기 일쑤였다. 출발 이틀 전까지 촬영 허가도 받지 못하고 고래 출몰 여부도 확인하지 못한 상황. 이렇게 불안한 상태로 2주간 6천만 원의 제작비가 소요되는 출장을 떠날 수는 없어 저녁에 긴급회의를 소집했다.

"촬영 허가는 절차상의 문제 때문에 지연되는 것 같으니 현지에 도착해서 받을 수도 있습니다. 따라서 출발 당일까지 촬영 허가가 나지 않는다 해도 우리는 출발합니다. 하지만, 고래가 있는지를 확인하지 못한다면 매우 위험합니다. 오늘 중으로 수단과 방법을 가리지 말고 현지 관광업자들에게 확인해야 합니다. 만약, 확인을 하지 못한다면 촬영계획을 취소할 수도 있습니다."

-이큰별 PD-

남은 시간은 단 12시간. 해외리서처가 다시 밤을 새며 고군분투했다. 제작진 역시 불안한 마음에 뜬 눈으로 함께 밤을 새며 대기하고 있었다. 드디어 출발 전날 아침. 밤을 꼬박 샌 해외리서처에게 연락이 왔다. 시간은 새벽 4시, 간신히 연결된 현지 관광업자와 영어로의 소통이 원활하지 않아 자세한 설명을 듣지는 못했지만, 반복적으로 외쳐대던 한마디가 있었다.

"No! Blue Whale!!!!, No! Blue Whale!!!!"

결국, 멕시코 출장은 출발 전날 엎어졌다. 여파는 상당했다. 수 개월간 촘촘하게 짜 놓은 촬영계획이 모두 꼬이기 시작했고 과연 다른 지역에서도 이런 일이 발생하지 않으리란 보장이 없다는 생각에 '고래 4부작, 정말 할 수 있을까?'라는 불안감과 의구심이 다시금 우리 주변을 강타하고 있었다. 이제 믿을 건, 우리 팀밖에 없었다. 그래도 6천만 원을 날릴 뻔했는데 미리 알게 된 게 어디냐며 우리는 서로를 위로하고 격려하며 꼬인 촬영계획을 전면 수정한 뒤 다음 행선지를 결정했다. 대왕고래는 물론 운이 좋으면 다른 고래들도 볼 수 있다는 인도양의 보석, 스리랑카의 트링코말리였다.

참담했던 스리랑카에서의 15일

불안할 이유가 없는 곳이었다.

멕시코에 비해 현저하게 저렴한 물가 덕분에 제작비 부담도 줄어들 뿐만 아니라 우리 팀의 정신적 지주였던 수중촬영계의 거장, 김동식 감독이 벌써 두 차례나 다녀온 곳이었다. 갈 때마다 대왕고래를 봤다고 했다. 대왕고래는 장거리를 이동하는 종으로 알려져 있지만, 스리랑카의 대왕고래는 1년 내내 그곳에 늘 상주하고 있다는 것이다.[6] 예전에 갔을 때는 시기가 안 맞아서 대왕고래밖에 못 봤지만, 이번엔 봄에 가는 것이니 어쩌면 향고래(Sperm Whale)[7]까지 볼 수 있을지 모른다고 했

---

6 2008년부터 스리랑카의 대왕고래를 연구 중인 스리랑카 출신의 해양 생물학자 Asha de Vos 박사가 진행 중인 '스리랑카 고래 프로젝트'에 언급된 내용.
7 이빨고래류 사이에서는 가장 몸집이 큰 고래로 성체의 길이가 11~16미터에 달한다. 소설 '모비딕'의 모델 고래로 세상에서 가장 큰 뇌(인간의 6배)를 가졌다. 전 세계 대양에서 고루 발견되며 얼음이 없는 깊은 수심을 선호한다.

다. 스리랑카의 고래 연구자들이 2010년부터 수집한 데이터에 따르면 3월부터 4월까지 스리랑카 근해에는 '슈퍼 포드'라 불리는 거대한 향고래 그룹이 짝짓기를 위해 모인다는 것이다.[8]

하지만 멕시코의 기억 때문에 돌다리라도 반드시 두드려야 한다는 원칙을 세웠던 터였다. 출발 전까지 현지에서 우리를 도와주기로 한 코디네이터 겸 고래관광선을 운영하는 가이드에게 트링코말리에 가면 대왕고래와 향고래를 정말 볼 수 있냐고 몇 번이고 확인을 거듭했다. 걱정 말고 오라는 가이드의 말을 들으면서도 마음 한 켠의 불안함은 여전히 사라지지 않았다. 스리랑카에 머무는 기간이 무려 2주가 넘는 만큼, 촬영 팀이 가야 가이드도 수입을 얻게 되므로 어떻게든 촬영 팀을 오게 하는 것이 그의 입장이기 때문이다.

믿을 수 있는 사람을 찾아서 확인해야 했다. 하지만 트링코말리는 스리랑카에서도 오지에 속하는 곳이라 한국 교민들을 찾기가 어려웠다. 고민하다가 우리는 트링코말리에 산다는 한국말을 할 줄 안다는 스리랑카 어부를 수소문했다. 그런데 아쉽게도 그는 현재 트링코말리에 살지 않는다는 것이다.

이제 우리에게 남은 다른 선택지는 없었다. 아직 마음속에 불안함이 채 가시지 않았지만, 가이드의 말을 믿을 수밖에 없었다. 한 번 안 좋은 경험을 했다고 해서 10년 넘게 스리랑카의 고래를 연구한 세계적인 고

---

8 BEAR(Biodiversity Education and Research)의 보존 생물학자 Ranil Nanayakkara가 수년간 연구한 결과, 이 슈퍼 포드는 섬의 북서쪽 해안에 있는 Mannar 만에서 발생하는 연례행사라는 사실이 밝혀졌다. 2010년 이후 연구 탐사에서 수집한 데이터에 따르면, 슈퍼 포드 시즌의 절정은 주로 3월 15일부터 4월 20일까지라고 한다.

래 학자들의 연구 결과까지 의심할 수는 없는 일이었다.

'그래, 이 정도로 두드려 봤으면 설마 물에 빠지진 않겠지.'

역시 트링코말리까지 가는 길은 쉽지 않았다. 스리랑카의 수도 콜롬보의 '반다라나이케' 국제공항에서 트링코말리까지는 차로 이동하는 데만 8시간 가까이 걸리는 오지 중의 오지였다. 하지만 앞으로 가게 될 촬영지 중에서는 가장 가까운 곳이리라. 김동식 수중 촬영감독과 임완호 촬영감독, 오현태 촬영감독 등 3명의 촬영감독과 이큰별 PD, 조병준 PD까지 총 5명의 제작진이 비장한 각오를 하고 도착한 트링코말리. 긴 여정에 녹초가 된 제작진의 눈앞에 정말 고래가 뛰놀 것만 같은 푸른 바다가 펼쳐졌다. 스리랑카가 왜 '인도양의 진주'라고 불리는지 알 것 같았다.

"이곳에서 대왕고래, 들쇠고래, 향고래, 그리고 가끔은 범고래도 볼 수 있어요."

-사사(트링코말리 고래관광선 가이드)-

▲ 트링코말리 해변

드디어 살아 있는 고래를 만날 수 있다는 희망에 새벽 5시 출항도 전혀 힘들지 않았다. 고래가 있는 바다는 배를 타고 최소 2~3시간은 나가야 하는 먼바다라고 했다. 5명의 제작진과 선장이 타고 나면 꽉 찰 만큼 작은 크기인 데다가 햇빛을 가려줄 가림막조차 제대로 없는 말 그 대로 통통배에서 무려 12시간을 버텨야 했다. 하지만 견딜 만했다. 고 래를 볼 수 있다는 믿음이 있었기에.

장판 바다. 트링코말리의 바다를 그렇게 부르고 있었다. 그 어떤 바 람도, 파도도 없는 고요한 바다. 입수했다가 배로 돌아오는 김동식 수 중 촬영감독이 털어내는 물방울에서 짠 기가 느껴지지 않았다면 호수 라고 해도 믿을 만큼 잔잔한 바다였다.

한낮 기온은 40도를 육박하고 있었고, 무서우리만치 조용한 바다 위에서 그 강렬한 햇빛을 온몸으로 받아내야 했던 촬영 팀은 점점 지쳐가고 있었다. 첫날은 그럴 수 있다고 생각했고, 둘째 날부터는 조바심이 났지만, 아직 고래가 있는 곳을 제대로 찾지 못해서라고 위안하며 버텼다. 하지만 셋째 날이 되자 그 어떤 긍정적인 생각도 머릿속에 떠오르지 않았다. 대왕고래가 상주한다더니...수백 마리의 향고래 무리가 짝짓기를 하러 온다더니...사흘 동안 촬영 팀이 장판 바다에서 마주한 생명체는...거북이 한 마리와 몇 마리의 돌고래뿐이었다.

벌써 1주일째, 돌고래를 제외한 그 어떤 고래도 볼 수가 없었다. 어쩌면 고래가 있는 바다를 못 찾았을지 모른다는 생각에 현지 어부들을 섭외해 혹시라도 고래가 보이면 무전으로라도 알려달라고 부탁까지 했지만 어째 바다도 무전기도 조용했다. 조금씩 마음속에 싹트고 있었던 불신은 1주일이 지나자 서서히 확신으로 변했다.

'우리가 못 찾는 게 아니다. 이 바다에 대왕고래와 향고래는 없다!'

분명 고래가 있다고 했던 가이드에게 몇 번을 따져 물었지만, 자신도 왜 고래가 안 보이는지 모르겠다는 답변뿐이었다. 남은 1주일을 계속 이런 상태로 허비할 수는 없었다. 제대로 된 사실을 알기 위해 트링코말리 해변을 뒤지며 다른 고래관광선 운영자와 현지 어부들을 찾아다녔다. 그들 역시 고래가 나타나지 않아 어려움을 겪고 있었다. 하지만 그 누구도 이유를 몰랐다. 그러던 와중 그들 중 한 사람으로부터 충격적인 말을 들었다. 고래가 나타나지 않은 지 벌써 몇 달이 지났다는 것이었다. 다시 말해, 우리가 가이드에게 고래가 있는지를 재차 확인했던 그 시기 이전부터 트링코말리 바다엔 고래가 보이지 않았다는 것이다. 가이드의 거짓말 때문에 1주일 동안 하루 12시간씩 망망대해를 헤매며 헛고생을 했던 것이다.

이젠 결정을 내려야만 했다. 이대로 남은 촬영 일정을 취소하고 한국으로 돌아갈 것인가, 아니면 고래의 바다라 불리던 트링코말리 바다에 고래가 사라진 이유가 무엇인지를 추적할 것인가. 다시 한번, 우리가 이 길고 먼 여정을 시작한 이유를 돌아봤다. 경이롭고 신비한 고래의 모습을 전달하는 것도 중요했지만 지금 고래가 사는 바다에 무슨 일이 벌어지고 있는지를 가감 없이 보여주는 것도 의미 있는 일이었다. 결국, 남은 일정 동안 우리는 고래를 추적하는 대신 고래가 사라진 이유를 추적했고 다시 한번 참담함과 무거운 책임감을 느껴야 했다. 스리랑카의 바다에서 고래가 사라진 이유가 무엇인지에 대한 1주일간의 추적 결과는 3부에서 소개하게 될 것이다.

고래를 육지에 사는 동물처럼 지속적으로 관찰하며 촬영하기는 어렵겠지만 그래도 이렇게까지 고래를 만나는 것 자체가 힘들 것이라는 생각은 전혀 하지 못했다. 수많은 자료조사를 했으면서도 정작 우리는, 고래가 사는 바다가 지금 어떤 상황인지를 모르고 있었던 것이다. 이제 우리의 꿈은 '경이로운 고래의 모습을 생생히 전달한다.' 가 아니라, 그저 '고래를 만나면 좋겠다.'로 바뀌고 있었다. 그 꿈이 과연 이루어질 수 있을까. 꿈이 이루어지는 곳은 어디일까. 다음번 행선지는 아프리카 대륙에 위치한 작은 섬나라, 모리셔스였다.

3. 꿈은 이루어진다.

　낯선 이름이었다. 세계적인 휴양지이자 신혼여행지로 꼽히는 곳이라는데, 왜 국내에는 알려지지 않았을까. 도착하고 나서야 그 이유를 알게 되었다. 대한민국에서 1만 킬로미터가 떨어진 곳, 꼬박 하루 반이 걸려서야 도착할 수 있는, 휴가를 즐기러 오기엔 너무 멀고 긴 여정이었다. 거리만 먼 것이 아니었다. 촬영 허가를 받는 데만 두 달이 넘게 걸렸다. 멕시코나 스리랑카에 비할 바가 아니었다. 왜 이렇게 까다로운 걸까. 숙소에 짐을 풀고 나가 눈앞에 펼쳐진 풍경을 보고 나서야 이해할 수 있었다.

　풍경만 천국이 아니었다. 관용구처럼 쓰이는 '에메랄드빛 바다'가 무엇인지를 실감할 수 있었던 청정해역. 이런 바다라면 물기둥이 없어도, 브리칭을 하지 않아도 그 속에 고래가 있는지 없는지를 알 수 있을 것 같았다. 긴 여정에 지쳐있던 몸과 마음이 바다를 보니 미친 듯이 설레기 시작했다.

신이 모라셔를 창조했다
그 후 천국을 만들었다

「마크 트웨인」

'어쩌면 이번엔 정말 볼 수 있을지 몰라. 살아 있는 고래!'

여독을 풀 새도 없이 새벽 5시에 시작된 첫 항해. 강렬한 태양을 피하거나 제대로 몸 뉘일 곳 없는 작은 사이즈의 배는 여전했지만, 파도를 헤치고 나아가며 얼굴에 맞는 바람과 바다내음이 스리랑카와는 확연히 달랐다. 왠지 그 속에서 약간 비릿한 고래의 냄새가 나는 듯도 했다. 무작정 망망대해를 떠돌던 스리랑카와는 달리, 마치 고래가 어디 있는지를 알고 가는 듯한 가이드의 자신감 있는 태도도 믿음직스러웠다. 그리고 몇 시간 후, 그 믿음이 틀리지 않았다는 걸 확인할 수 있었다.

"어, 어, 어!!! 저기, 저기!!!!!"

너무 놀라 단어조차 생각나지 않는 듯 김동식 수중 촬영감독이 다급히 손짓하며 먼바다를 가리켰다. 일제히 고개를 돌려 바라본 곳에서 펼쳐진 숨 막히는 광경.

　마치 거대한 잠수함이 수면위로 치솟았다가 다시 들어가는 듯 보였다.

　바다로 다시 들어갈 때의 위력은 흡사 폭탄이 떨어지는 것과 맞먹었
다. 압도된다는 것이 어떤 느낌인지를 오롯이 체험하며 일단정지 상태
로 멍한 제작진을 뒤로하고 김동식 수중 촬영감독이 거대한 수중 카메
라를 들고서 서둘러 바닷속으로 뛰어들었다. 마치 잠수함처럼 조용히

향고래 한 무리가 우리의 배 앞으로 스윽 다가오고 있었기 때문이다.

배 위에서 김동식 수중 촬영감독이 물속에서 나오기를 기다린 지 벌써 1시간. 슬슬 걱정되기 시작했다. 물속에서 40킬로그램에 달하는 육중한 카메라를 들고 촬영을 한다는 것은 젊은 2, 30대에게도 쉽지 않은 일이다. 그런데, 60대 노장 감독인 김동식 감독이 1시간 넘게 물속에서 나오지 않고 있는 것이다. 잠깐씩 수면위로 올라와 가쁜 숨을 몰아쉬고는 다시 황급히 물속으로 들어가길 반복하고 있었다. 도대체 물속에서 무엇을 봤기에 저렇듯 마음이 급한 걸까. 궁금증이 걱정으로 변할 무렵, 드디어 김동식 수중 촬영감독이 배 위로 올라왔다. 지친 기색이 역력했지만, 얼굴엔 세 살 아이 같은 천진난만한 웃음이 가득했다. 무엇을 촬영했기에 저런 표정이 나올까.

> "다큐멘터리 감독이 커피를 먹는 건 사치인데, 오늘만큼은 내가 비싼
> 커피를 먹어야겠네."
> 　　　　　　　　　　　　　　　　　　　　　　　-김동식 수중 촬영감독-

더 물어볼 필요도 없었다. 세상 모든 걸 다 가진 듯한 해맑은 웃음이 그가 물속에서 무엇을 촬영했는지를 말해주고 있었다. 드디어 꿈이 이루어진 것이다. 그것도 모리셔스에 도착한 첫날부터.

그것이 시작이었다.

모리셔스에 머문 15일 동안, 우리는 신이 왜 모리셔스를 모델로 천국을 만들었다고 했는지를 실감했다. 천국이란 단순히 아름다운 풍경만 있는 곳이 아니다. 그곳엔 천사라 불리는 선한 생명체들이 있다. 향고래가 바로 그런 생명체였다.

향고래 가족을 만나다.

향고래 하면 가장 먼저 떠오르는 것이 소설 '모비딕'이다. 소설 속에서 포경선을 부술 만큼 거대하고 두려운 존재로 묘사됐던 향고래. 실제로 다 자란 성체의 경우 수컷이 평균 16미터, 암컷은 12미터로 이빨고래류 중에서 가장 큰 몸집을 가진 고래인 동시에 지구에서 가장 큰 뇌를 가진 동물이다. 뇌의 크기가 인간의 6배에 달하며 무게만 8킬로그램이 넘는다고 한다. 다른 지역의 향고래를 마주한 적이 없어서 비교는 불가능하지만, 모리셔스 향고래를 만난 후 가장 놀랐던 건 정말 천천히 그리고 조용히 움직인다는 것이다. 마치 잠수함이 작전을 수행할 때처럼 어느새 스윽 옆에 다가오는 느낌이랄까. 덕분에 가까이에서 아주 찬찬히 향고래의 생김새를 관찰할 수 있었다.

그 큰 뇌를 담고 있어서일까. 가까이에서 본 향고래의 얼굴은 묘한 느낌을 주었다. 특히 직사각형에 가까운 머리가 가장 큰 특징인데, 한때 과학자들은 이곳이 정자를 보관하는 곳이라고 믿었다고 한다. 향고래의 이름이 'Sperm(정자) Whale'이 된 이유가 바로 그 때문이다. 향고래가 이 사실을 알면 얼마나 황당해할까. 우리나라에서는 '향유고래'라고도 불리는데, 고래연구소 이경리 박사에 따르면 '향유'라는 표현은 향고래의 내장에서 발견되곤 하는 '용연향'이라는 덩어리 때문에 붙여진 이름이라고 한다. 먹이 중에 소화되지 못한 오징어 부리 같은 것들이 오랜 시간 발효과정과 대사과정을 거치면서 나온 부산물인데, 향수의 원료로 쓰이며 고가에 거래되는 물질이다. 하지만 용연향 자체가 고래의 정상적인 대사산물이 아니므로 '향유'라는 표현보다는 '향고래'라고 부르는 게 좀 더 옳은 표현이라고 한다.

머리가 워낙 크다 보니 상대적으로 굉장히 작아보여서 귀여운 느낌마저 주었던 눈 역시 매우 인상적이었다. 마치 사람의 눈처럼 각기 모양과 색이 다른 눈동자를 가지고 있었는데 그 눈으로 우리와 시선을 맞추는가 하면 가끔씩 껌벅이기까지 했다.

이빨고래답게 벌려진 입 사이로 보이는 날카로운 이빨들도 보였다. 주로 먹이를 낚아채는 데 쓰이기는 하지만 정작 먹을 땐 이빨로 씹어 먹기보단 통째로 삼킨다고 한다. 고래 꼬리는 다른 어류들과 구분되는 특징 중에 하나인데, 어류들은 직선으로 꼬리가 달린 데 반해 고래 꼬리는 직선이 아닌 수평이고 향고래의 경우 그 길이만 무려 3미터가 넘는다.

김동식 수중 촬영감독이 다가섰을 때, 향고래가 가장 먼저 보인 반응은 전혀 예상치 못한 것이었다. 꼬리지느러미 부분에서 사정없이 뿜어져 나오던 갈색 액체. 마치 거대한 트레일러에서 뿜어져 나온 엄청난 양의 매연처럼 물속에서 갈색 구름을 형성하던 그 액체는...똥이었다.

거대한 몸집처럼, 그 양도 상상을 초월했다. 하지만, 고약한 냄새가 나거나 더럽다는 느낌은 없었다. 바다에 사는 생물에게는 귀중한 자원이라고 한다. 그 이유는 4부에서 설명할 것이다.

거대한 똥 구름 환영 인사로 시작된 인상적인 첫 만남 이후, 거의 매

일 같이 우리는 향고래들을 만나는 귀한 시간을 보냈다. 그러고는 알게 됐다. 이곳에 있는 향고래들이 어쩌면 한 가족일지 모른다는 사실을. 너무 거대해서 한 눈에 다 담을 수는 없었지만, 어림잡아 최소 10마리가 넘는 향고래 무리가 늘 한데 모여 있었다. 그것도 접착제로 붙인 듯이 딱 달라붙어서.

아무리 가족이라 해도, 이렇게 거대한 동물들이 왜 이토록 밀착해서 다니는 걸까. 분명 이들한테는 뭔가 특별한 사연이 있어 보인다. 하지만 아무리 자료조사를 해도 이런 궁금증을 해소할 만한 자료는 발견하기 어려웠다.

▼ 똥을 내뿜는 향고래

그런데 며칠 동안 바다를 나가다 보니 우리처럼 향고래 무리를 촬영하고 있는 한 남자가 눈에 들어왔다. 촬영하는 모습이 아마추어처럼 보이지는 않았다. 한국 방송 촬영팀임을 밝히고 인사를 하니 반갑게 말을 건넨다. 프랑스어였다. 그는 프랑스에서 온 수중촬영 전문가 르네 휘제 감독이었다. 2010년 1,300만 관객을 기록한 프랑스 영화 〈오션스 (OCEANS)〉[9] 의 수중 촬영감독이자 BBC, NHK 등과 협업하며 40년 넘게 세계 곳곳의 바다를 누빈 베테랑. 더욱 놀라운 건, 벌써 12년째 모리셔스에서 향고래를 촬영 중이라는 것이다. 프랑스와 모리셔스 정부가 함께 진행하는 〈모비딕 프로젝트〉[10] 를 위해 1년에 60일 이상 모리셔스에 머물며 향고래들을 촬영하고 연구한다는 것이다.

---

9 7년간의 촬영 기간과 8천만 달러의 제작비가 동원된 초대형 프로젝트로 지구의 오대양을 그린 자연 다큐멘터리 영화다. 미국에서는 박스 오피스 1위에 오르기도 했고 국내에도 2010년 개봉해 호평을 받는 등, 2010년 가장 성공한 다큐멘터리로 기록되었다.

10 MAUBYDIC MISSION – 2011년부터 모리셔스 지역에 서식하는 향고래의 개체 수, 이동 패턴 및 보존 방법에 관한 연구를 진행하는 프로젝트

세계 바다를 누비며 다양한 해양생물을 촬영했던 그가, 무려 12년간이나 향고래를 계속 촬영하게 된 건...첫 만남의 순간을 도저히 잊을 수가 없었기 때문이라고 한다.

"2011년 3월 18일이었어요. 저는 물속에서 향고래를 기다리고 있었죠. 그런데 멀리서 작은 갈색 점이 보이더니 점점 커지는 거예요. 너무 커서 잠수함인 줄 알았어요. 순간적으로 모비딕이 생각나기도 했죠. 그런데 그때 고래의 눈을 마주친 순간, 그 부드러운 눈길이 제 인생을 바꾸었습니다. 말로 표현할 수가 없어요. 첫사랑에 빠진 것처럼 심장이 미친 듯이 뛰었습니다. 그렇게 이 동물에 빠지게 되었죠. 제가 받은 이 감동을 카메라를 통해 세상에 전하고 싶었습니다."

-르네 휘제(수중 촬영감독)-

12년간의 관찰과 연구를 통해 알게 된 건, 모리셔스의 향고래들이 1970년대부터 이곳에 살고 있으며 현재 28마리가 상주하고 있다는 사실. 원래 이들 모두 '도칼루(Dos Calleux)'라고 이름 붙인 할머니 고래를 조상으로 하는 친족관계인데 그 수가 많아지면서 2019년부터 '이렌'과 '바네사'라고 이름 붙인 2마리의 암컷 고래가 이끄는 2개의 무리로 갈라졌다는 것이다. 이들이 친족관계라는 걸 어떻게 확인한 걸까.

"자연적으로 탈락된 피부를 모아서 유전자 분석을 했어요. 2011년부터 저희가 이곳 모리셔스에서 발견한 향고래는 총 110마리입니다."

-르네 휘제(수중 촬영감독)-

▲ 물속에 떠다니는 향고래 껍질

거대한 몸을 서로 밀착하거나, 바닥에 몸을 긁는 등의 행위를 통해 고래들은 주기적으로 탈피를 하는데 이때 벗겨진 껍질들이 바닷속에 둥둥 떠다닌다. 촬영 도중 우리도 곳곳에서 고래 껍질을 발견할 수 있었다.

그 껍질 속의 유전자를 분석한 결과에 따르면 우리가 만난 고래 무리는 '이렌'이 이끄는 무리로, 현재 총 20마리로 이뤄진 가족이라고 한다.

대부분이 암컷 고래이고 청소년기의 수컷 고래가 일부 있다. 그렇다면 왜 수컷 어른 고래는 없는 걸까. 수컷 어른 고래들은 짝짓기 철에만 잠깐 들려서 종족 번식 임무를 완수하고는 떠나버린다고 했다. 청소년기의 수컷 고래들 역시 어른이 되면 무리를 떠난다는 것이다. 2011년

▲ 모리셔스 향고래 가족 관계도, 맨 위 고래가 할머니 도칼루 / 출처: 모비딕 프로젝트

부터 모비딕 프로젝트팀이 모리셔스에서 확인한 향고래는 110마리지만 현재 남아 있는 고래는 28마리밖에 없는 이유가 바로 그 때문이다. 수컷 어른 고래들이 떠나면 암컷 고래는 홀로 남아 새끼를 낳아 키우는 것이다. 고래사회에도 독박육아가 있는 걸까. 잠시 안쓰러운 맘이 들었지만 며칠 간 지켜본 이렌 가족의 모습은 그런 우려를 말끔히 날려주었다. 이렌 가족들은 철저한 '공동육아'를 하고 있었다.

새끼 고래 미리암과 공동유치원

이렌의 가족 중에 가장 나이가 어린 고래는 태어난 지 한 달이 갓 지난 '미리암'. '이사'라는 어미 고래의 딸이다. 김동식 수중 촬영감독을 보고는 호기심 어린 눈으로 다가와 주변을 맴돌곤 했던 귀여운 고래.

몸 곳곳에 덕지덕지 붙어 있는 빨판상어[11]들이 마치 애착 인형처럼 보여 유독 눈에 띄던 고래였다.

▲ 새끼 고래 미리암(2023, 3월 말~4월 초 출생한 것으로 추정)

미리암이 태어났을 때, 현지 언론들이 일제히 보도할 정도로 화제였다. 향고래 암컷은 보통 3~4년에 한 번씩 새끼 고래를 출산하기 때문에 새끼 고래의 탄생이 흔한 일이 아니기 때문이다. 게다가 한번 새끼를 낳으면 열 살이 될 때까지 돌본다고 한다. 향고래가 성적으로 성숙하는 시기가 열 살 정도라고 하니 사람으로 치면 성인이 될 때까지 돌보는 셈이다. 어미 고래 혼자 감당하긴 벅찬 일이므로 새끼가 태어나면 향고래 가족들은 공동육아를 한다고 한다. 무리 내에 이른바 '유치원'이 있다는 것이다.

---

11 레모라(remora) – 고래나 상어, 거북이 같은 큰 해양 동물의 몸에 붙어 기생하는 물고기. 고래의 경우, 수압 때문에 바다 깊이 잠수하는 큰 고래보다는 수면위에 머무르는 어린 고래에게 주로 붙어 생활한다.

"어른 고래들이 사냥을 나가면 해수면에 일종의 유치원이 차려집니다. 1개월 된 아기부터 4~5세 어린 고래들을 어른 고래 하나가 돌보며 보호합니다. 이런 무리에서는 '제르민'이 그 역할을 하는데 제르민은 유모 역할도 겸하고 있어요. 새끼 고래는 자주 젖을 먹어야 하기 때문이죠. 유모는 항상 같은 고래가 맡아요. 아무 고래나 하지 않습니다."

-르네 휘제(수중 촬영감독)-

아이가 태어나면 마을 전체가 함께 아이를 돌보던 우리네 옛 모습이 떠올랐다.

모리셔스가 천국인 건 풍경만큼이나 따뜻하고 아름다운 향고래 가족의 모습 때문이 아닐까.

▼ 미리암과 놀아주는 오빠 고래 알리

가장 큰 약점은 '선하다는 것'

서로를 돌보고 위하는 가족애가 가득한 건, 고래 중에 가장 선한 향고래의 본성 때문은 아닐까. 거대한 몸집에 어울리지 않는 순하고 선한 본성을 알게 된 건, 새끼 고래 미리암 때문이었다. 사실 르네 휘제 감독에게 이렌의 가계도를 확인하기 전부터 우리는 미리암을 구분할 수 있었다. 꼬리지느러미 바로 앞에 피부가 심하게 벗겨진 상처가 있었기 때문이다.

▲ 꼬리지느러미 상처가 보이는 미리암

도대체 어디에서 저런 상처를 입은 걸까, 볼 때마다 안타까웠는데 르네 휘제 감독에게 물어보니 배의 프로펠러 때문에 다친 상처라는 것이다. 태어난 지 한 달밖에 안 지난 새끼 고래가 그렇게 큰 상처를 입었으니 다른 가족들이 얼마나 놀랐을까. 그래서일까. 어미 고래는 물론

다른 고래들 모두 잠시도 미리암 곁을 떠나지 않았다. 때로는 미리암을 중앙에 두고 다른 고래들이 빙 둘러싼 대형으로 모여 있곤 했는데 이런 보호 대형을 가리켜 'Marguerite Formation'이라고 한다. 적이 오면 꼬리지느러미를 바닷물 표면에 내리쳐 쫓아버리는 것이다.

처음엔 다소 의아했다. 커다란 꼬리지느러미로 한 번만 내리치면 작은 배 한 척은 우습게 부술 것 같은 거대한 몸체를 지닌 고래가 굳이 이렇게 대형까지 짜서 스스로를 보호하다니. 소설 모비딕에서 묘사된 향고래는 거대한 포경선을 부숴버릴 만큼 포악하지 않았던가. 하지만, 향고래 전문가들은 물론이고 12년째 모리셔스 향고래 가족을 옆에서 지켜본 르네 휘제 감독은 향고래만큼 선하고 온순한 동물은 없다고 얘기한다. 단적인 예로 향고래의 천적이 '거두고래'라는 사실에서 알 수 있다.

"거두고래는 큰 검은 돌고래로 파일럿 고래라고도 부릅니다. 거두고래들은 아기 향고래의 꼬리를 공격해서 익사하게 만든 다음에 잡아먹어요. 향고래들은 자기보다 작은 동물이 공격해도 방어하는 법을 모르는 거죠. 저희로서도 14미터나 되는 향고래가 4~5미터밖에 안 되는 돌고래를 무서워하는 게 신기해요. 코끼리가 생쥐를 무서워하는 것과 같아요."

-르네 휘제(수중 촬영감독)-

그렇다면 소설 모비딕에서는 왜 향고래를 포악한 괴물로 묘사했던 것일까.

모비딕의 실제 모델은 '모카딕'[12]이라 불리던 향고래로 소설에 묘사된 것처럼 포경선을 공격했던 무서운 고래라고 전해진다. 본성이 포악해서가 아니라 인간 때문에 포악해진 것이다. 향고래는 상업 포경 시대에 인간에게 가장 많은 죽임을 당한 고래 중 하나였기 때문이다. 그 이유는 큰 머릿속에 가득한 '경뇌유' 때문이다.

석유 화학이 발전하기 전까지 고래기름은 중요한 자원이었고 당시 경뇌유는 고래기름 중에서도 가장 질 좋은 기름으로 통했다. 그러다 보니 한때 110만 마리였던 향고래는 포경 시대 이후 그 수가 무려 70%까

---

12 1800년대 초 칠레 남부의 모카 섬 인근에서 목격되었다는 알비노(멜라닌 색소 결핍으로 생기는 백화현상) 향고래. 일반 상선 앞에선 순했지만 포경선이 보이면 바로 공격했다고 한다. 1838년 포경선 공격으로 죽어가던 다른 고래들을 도와주다가 작살을 맞고 사망했다고 전해진다.

경뇌유

지 급감했다. 아무리 온순하고 선하다 해도 가족들이 눈앞에서 잔인하게 죽임을 당하는 걸 보면 누구라도 포악해지지 않을까.

상업 포경이 전면 금지된 건 1986년 국제포경위원회(IWC)에 의해서다. 채 50년이 지나지 않은 것이다. 향고래의 평균 수명이 70년인 만큼 우리가 만난 모리셔스 향고래 가족들 중에는 포경선에 가족을 잃은 고래가 있을 것이다. 그럼에도 불구하고 친근하게 우리에게 다가와 다정하게 눈을 맞춰주던 그들이야말로 세상에서 가장 선한 존재라는 생각이 들었다.

4. 마법 같은 풍경을 마주하다

향고래의 수면 법

모리셔스에 오는 관광객들 중 다수를 차지하는 부류는 프리 다이버들이다. 에메랄드빛 바닷속을 잠수하고 싶어서이기도 하지만 더 큰 목적은 향고래를 만나는 것이다. 잠수 좀 한다는 다이버들의 평생소원은 향고래가 자고 있는 모습을 배경으로 사진을 찍는 것이라고 한다. 도대체 어떤 모습으로 자고 있기에 그런걸까?

며칠을 주시했지만, 향고래들의 자는 모습을 포착하기는 어려웠다. 사람처럼 정해진 장소에서 밤이 되면 자고, 아침에 일어난다면 몰라도 드넓은 바닷속에서 어디에서, 언제 향고래들이 자는지 도무지 알 방법이 없었기 때문이다. 그런데...촬영 5일째, 늘 수면위로 보이던 향고래의 물기둥이 보이지 않는 고요한 바다를 보며 혹시 하는 마음에 입수한 순간...눈 앞에 믿기지 않는 광경이 펼쳐졌다.

그것은...마치 우주에 떠 있는 거대한 운석과도 같았다. 잠시도 헤엄을 치지 않으면 가라앉아버리는 깊고 파란 물속에...길이 10미터가 훌쩍 넘는 거대하고 육중한 향고래들이 미동도 하지 않은 채 꼿꼿이 서 있었다.

그 어떤 형용사로도 표현하기 어려운, 그저 넋을 잃고 바라볼 수밖에 없었던 그 장엄한 광경을 보며 다이버들이 왜 이 장면을 보는 게 평생소원이라고 했는지를 단번에 이해했다. 마치 시간이 멈추어 버린 듯, 태고의 신비를 간직한 모습으로 수백 년을 잠들어 있을 것만 같은 고요함에 압도되어 입 밖으로 숨을 내뿜는 것조차 조심스러웠지만 실제 향고래의 수면시간은 길어야 10분에서 15분 정도라고 한다. 그마저도 뇌의 절반은 깨어 있다고 한다. 언제 닥쳐올지 모를 공격에 대비하기 위해서라고 한다. 향고래는 평생토록 길고 깊은 잠을 잘 수 없는 것이다. 자는 모습을 보고 나니 그럴 수밖에 없다는 생각이 들었다. 인간의 눈에는 신비해 보이는 광경이지만 똑바로 선 채로 이루어지는 수면이 깊고 편안할 리 만무하다. 남들 보기에 신기하라고 서서 자는 것은 아닐 텐데. 그렇다면 향고래는 왜 서서 잘까.

그 이유에 대한 썰은 여러 가지가 있지만 아직 정확하게 밝혀진 것은 없다. 그중에서 가장 설득력 있는 썰은 '편하게 숨을 쉬기 위해서'라는 것이다. 고래는 어류가 아닌 포유류인 만큼 물속에서 아가미로 호흡하지 않고 분기공이라 불리는 코를 통해 공기를 들이마시는 폐호흡을 한다. 따라서 일정 시간마다 수면위로 올라와 공기를 들이마셔야 하는데, 코가 있는 얼굴을 수면으로 향한 채 서서 자면 자다가도 종종 수면위로 코를 내밀어 숨을 쉴 수 있기 때문이라는 것이다. 그런데 수면 중

인 향고래 무리 중에는 수면 위로 올라가기 더 어렵게 물구나무 자세로 자는 고래도 있다. 그 이유는 뭘까. 혹시 잠버릇인 걸까.

> "제 생각에는 자기 전에 소화를 시키려고 이렇게 있는 것 같아요. 보통 이렇게 물구나무선 자세로 오래 있지는 않아요. 저렇게 있다가 다시 반대로 돌아서 자거나 수면으로 나갑니다." -르네 휘제(수중 촬영감독)-

물론 인간의 입장에서 관찰하고 내린 하나의 추정일 뿐이지만, 12년 간 향고래를 지켜봐 온 르네 휘제 감독을 비롯해 전 세계의 향고래 연구자들에 따르면 향고래의 정상 수면은 똑바로 서서 자는 것이다. 숨을 편하게 쉬기 위해서.

▲ 잠든 어른 고래들 사이를 헤엄쳐 다니는 새끼 고래 미리암

어른 고래들이 서서 자고 있을 때, 새끼 고래 미리암은 홀로 그 사이를 헤엄쳐 다니곤 했다. 새끼 고래 역시 사람 아가처럼 잠이 없는 걸까, 하는 생각이 들기도 했지만 지켜보다 보니 그 이유를 알 것 같았다. 새끼 고래는 어른 고래보다 폐활량이 훨씬 적기 때문에 자주 수면위로 올라가 숨을 쉬어야 했던 것이다.

물속에 살지만, 공기를 들이마셔야 하는 해양포유류들의 고단한 삶이 느껴졌다. 물론 이 또한 철저히 인간의 시각이지만 말이다.

향고래의 모유 수유

잠잘 때조차 수면위로 올라가 공기를 들이마셔야 하는 것만큼 고래가 물속에 사는 '포유류'임을 깨닫게 하는 건 바로 젖을 먹고 자란다는 사실이다. 사실, 눈으로 직접 보지 않는 한 믿기 어려웠다. 고래가 젖을 먹는다? 어떻게? 어미 고래를 아무리 살펴봐도 젖꼭지는 없었다. 게다가 뾰족한 새끼 고래의 주둥이는 젖을 빨아 먹을 수 있는 구조가 아니다.

도대체 고래가 어떻게 젖을 먹는다는 걸까. 혹시 사람이나 다른 포유류와는 다른 모습으로 젖을 먹는 건 아닐까. 의문을 풀려면 직접 그 순간을 포착해야 한다. 그게 다큐멘터리의 기본이니까.

결코 쉽지 않은 과정이었다. 잠은 한곳에 모여서 잔다지만, 모유 수유는 언제 어디에서 할지 짐작조차 할 수 없었기 때문이다. 새끼 고래

미리암이 늘 어미 고래 옆에 찰싹 달라붙어 다니긴 하지만 그들을 쫓아
다니는 데는 한계가 있었다.

흔히 수중촬영 하면 공기통을 메고 들어가 장시간 물속에 머무는 것
으로 생각하지만 김동식 수중 촬영감독은 자신만의 확고한 원칙이 있
었다. 공기통을 메고 들어가면 거기서 발생하는 물방울 때문에 고래들
이 경계하므로 제대로 된 촬영을 할 수 없다는 것이다. 따라서 '스킨 다
이빙'이라 불리는 방식, 즉 공기통 없이 마스크와 오리발, 호흡하는데
필요한 스노클만을 사용해 촬영한다는 원칙이다. 그러다 보니 깊은 물
속으로 잠수하는 고래를 따라가 촬영을 할 수 있는 시간은 길어야 2분
을 넘지 못한다. 고래가 숨을 쉬기 위해 수면위로 올라온다고는 하지
만, 향고래처럼 거대한 몸집을 가진 고래들은 최장 2시간 동안 공기를
들이마시지 않아도 버틸 수 있다. 그렇기 때문에 깊은 심연에 사는 대
왕오징어를 사냥할 수 있는 것이다. 그런 향고래들을 스킨 촬영으로 따
라다니며 모유 수유의 순간을 포착한다는 건, 그야말로 자연이 허락해
야만 가능한 일이다. 그래서인지 향고래의 모유 수유 장면을 촬영한 영
상은 세계적으로도 희귀하다. 그 어려운 걸, 반드시 해내고 말겠다며
가쁜 숨을 참고 끊임없이 물속으로 뛰어들었던 김동식 수중 촬영감독.
노장의 투혼은 마침내 자연을 감동시켰다. 촬영 일주일째 되던 날...마
치 마법에 걸린 것처럼 김동식 수중 촬영감독의 앞에서 어미 고래가 똑
바로 선 것이다. 평상시 잠을 자는 것과는 조금 다른 모습이었다. 그러
자 새끼 고래 미리암이 똑바로 선 어미의 배 부분에 주둥이를 들이미는
게 아닌가. 순간적으로 감이 왔다. 저건 젖을 먹는 거다. 혹시라도 방
해가 될까 조심스레 다가가 떨리는 마음으로 담은 영상. 그 속에 우리
의 궁금증을 풀어줄 아름답고 신비한 장면이 펼쳐져 있었다.

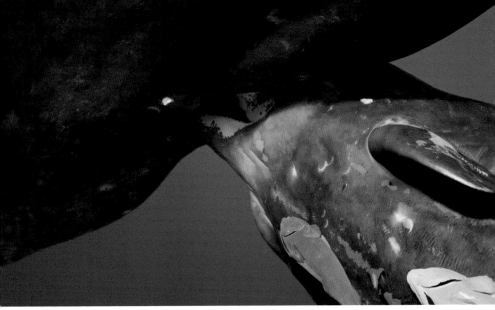

새끼 고래 미리암이 어미의 배 부분에 주둥이를 들이밀자 어미의 배 안에서 스윽 젖꼭지가 나오는 게 아닌가. 기다렸다는 듯이 혀를 내밀어 젖꼭지를 감싸는 새끼 고래 미리암의 혀는 마치 꽃잎처럼 구불구불 한 모양이었다. '프린지'라 불리는 이 독특한 모양의 혀는 젖을 먹는 새끼 고래에게서만 발견되는 것으로 젖을 떼고 나면 퇴화된다고 한다. 이 얼마나 경이로운 자연의 섭리인가.

생후 1개월 남짓한 갓난아기지만 길이가 4미터에 달하는 만큼, 새끼 고래가 하루에 먹는 젖의 양은 무려 500리터가 넘는다고 한다. 미리암이 먹다가 흘린 모유가 물속으로 퍼지는 모습이 흡사 걸쭉한 요거트와 비슷했는데 향고래의 모유는 인간 모유에 비해 10배가 넘는 지방을 함유하고 있다고 한다.

얼마나 배가 고팠는지 허겁지겁 젖을 빠는 새끼 고래 미리암의 모습은, 마치 엄마 품에 안겨서 젖을 먹는 아기를 볼 때처럼 보는 이로 하여금 흐뭇한 미소를 짓게 만들었다.

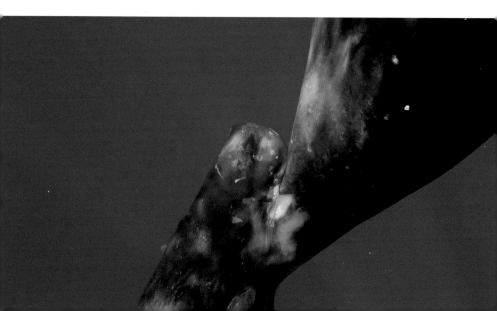

향고래의 키스

　꿈같은 2주가 지나고 벌써 모리셔스를 떠나야 하는 시간이 다가오고 있었다. 어느새 정이 들어버린 향고래 가족과 헤어지기 아쉬워 무거운 마음으로 시작한 마지막 촬영. 그런데 가쁜 숨을 내쉬며 배 위로 올라온 김동식 수중 촬영감독의 모습이 유독 상기되어 있었다. 향고래의 멋진 장면을 촬영할 때마다 세 살 아이같이 천진난만한 표정으로 그 모습이 얼마나 황홀했었는지를 설명하던 그가, 이번엔 마치 꿈이라도 꾼 듯 넋이 나간 표정으로 숨을 고르고 있었다.

　"엄마 아빠 고래가 키스를 하고 있더라니까. 격렬하게 키스를 하고는
　둘이 어디론가 사라졌는데, 따라갈 수가 없어서 어찌나 아쉽던지...."

-김동식 수중 촬영감독-

　키스라고? 제작진의 마음도 설레기 시작했다. 고래가 키스를 한다고? 믿기지 않았다. 그런데 숙소에 돌아와 황급히 확인한 영상 속에서 실로 마법 같은 장면이 재생되고 있었다.

　마치 사랑하는 남녀의 연애 장면을 몰래 훔쳐본 듯 영상을 보는 제작진 모두 얼굴이 발그레해지면서 심장이 빠르게 뛰고 있었다. 그 어디에서도 단 한 번도 본 적이 없는 장면이었다. 어쩌면 우리가 세계 최초로 향고래의 연애 장면을 촬영한 게 아닐까. 키스를 나누던 향고래들보다 더 흥분된 마음으로 밤을 지샌 다음 날, 르네 휘제 감독에게 영상을 보여주었다.

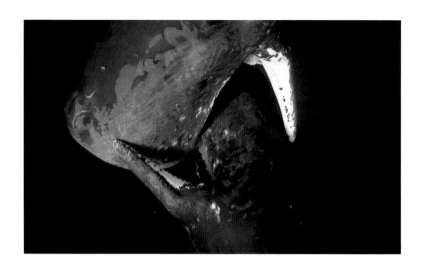

"이건 아주아주 특별한 장면입니다. 아주 드문 광경이에요. 놀랍고 희
귀한 장면을 보신 겁니다."

-르네 휘제(수중 촬영감독)-

르네 휘제 감독도 12년 동안 모리셔스 향고래를 촬영했지만 단 한
차례밖에 촬영하지 못했던 장면이라고 했다. 그런 장면을 우리가 포착
한 것이다. 모리셔스를 떠나는 아쉬움에 대한 향고래들의 선물은 아니
었을까.

방송에 담지 못한 이야기

향고래 키스의 진실

12년간 모리셔스 향고래를 촬영해온 르네 휘제 감독도 한 번밖에 촬영하지 못했다는 실로 마법 같았던 향고래의 키스는 과연 무슨 행동일까. 모리셔스의 모든 고래를 마치 자기 자식처럼 한눈에 알아보는 르네 휘제 감독은 우리가 촬영한 영상 속에서 키스를 하고 있던 2마리 고래는 비슷한 나이의 수컷 고래라고 알려주었다.

> "다렌(4살, 수컷)과 알리(4살, 수컷)가 함께 놀고 있는 모습입니다. 둘은 이복형제죠. 아버지는 같고 어머니가 달라요. 입 맞추는 걸로 보일 수도 있지만, 사실은 이복형제끼리 서로 '내가 대장이야.' 하면서 힘겨루기를 하는 거라고 보시면 됩니다. 더 크게 소리를 지르는 쪽이 이기는 거죠."
>
> ―르네 휘제(수중 촬영감독)―

IUCN(국제 자연 보전연맹)의 '고래 전문가 그룹'에 소속된 향고래 전문가들에게도 영상을 보여주며 자문을 구했다. 사는 지역에 따라 향고래의 특성이 다르기 때문에 일반적으로 얘기하기는 어렵지만 흰고래 벨루가에서도 비슷한 행동이 관찰된 적이 있다면서 관련 논문을 보내주었다.

논문의 내용에 따르면 이런 행동은 주로 동성 간에 일어나는 현상으로 왜 이런 행동을 하는지는 명백히 밝혀지진 않았지만 추정할 수 있는 몇 가지 가능성이 있다고 한다.

르네 휘제 감독처럼 힘겨루기나 놀이의 일종이라는 견해도 있지만 동물

사이에 종종 있는 동성애의 가능성도 배제할 수 없다는 것이다. 제작진은 물론, 12년간 모리셔스 향고래를 촬영해온 르네 휘제 감독까지 깜짝 놀라게 한 마법 같은 장면. 그 진실은 언젠가 고래와 대화를 할 수 있게 되면 알게 되지 않을까.

▲ IUCN(국제자연보존연맹)의 '고래전문가그룹'이 보내온 '벨루가의 구강 대 구강 접촉'에 관한 논문

향고래의 언어 '코다(CODA)'

향고래 키스 장면을 암컷과 수컷의 사랑하는 모습이라고 믿게 된 가장 큰 이유 중 하나는 키스를 하면서 내는 소리였다. 마치 사람이 한껏 흥분했을 때 내는 소리처럼 매우 강렬하고 빠른 소리를 냈던 것이다.

> "딸깍 딸깍 딸깍, 이런 소리인데 굉장히 빠른 템포로 강렬했어요. 소리만 들어도 굉장히 흥분해 있다는 게 느껴졌는데 아마 사랑을 표현한 게 아닌가...이런 생각이 들었죠."
> -김동식 수중 촬영감독-

고래 중에서도 가장 독특한 소리를 내는 향고래. 짧게는 3~4회에서 길게는 20회 이상 '딸깍 딸깍 딸깍'이라고밖에 표현할 수 없는 클릭 음이다.

▲ 일반적인 향고래 코다 소리

그들만의 언어로 추정되는 이 소리를 '코다'라고 부르는데, 향고래 연구자들에 따르면 이 코다 소리는 최고 음량이 230dB까지 올라가기 때문에 바로 옆에서 들으면 고막이 파열될 만큼 크고 시끄러운 소리라고 한다. 하지만, 김동식 수중 촬영감독이 향고래 바로 옆에서 들은 코다 소리는 신기하게만 들릴 뿐 전혀 시끄러운 소리가 아니었다고 한다.

코다는 대상에 따라 상황에 따라 그 소리와 패턴이 매우 다양한데 가장 흥미로웠던 건 어미 고래와 새끼 고래의 코다 소리였다. 어미 고래가 새끼 고래를 부르는 코다 소리는 마치 엄마가 아이를 부를 때처럼 다정하게 들렸고, 새끼 고래가 어미 고래의 부름에 대답하는 코다는 마치 새끼 고양이의 야옹 소리처럼 귀엽고 사랑스러웠다.

▲ 어미 고래(좌)와 새끼 고래(우) 코다 소리

르네 휘제 감독의 연구에 따르면, 수컷 고래의 경우 새끼 때 내는 코다 소리가 성체로 자라면서 변한다고 한다. 마치 사람이 청소년기에 변성기가 오는 것처럼 말이다. 사람과 유사한 것은 그뿐만이 아니었다. 나라에 따라 언어가 다른 인간세계처럼, 향고래의 코다 역시 지역에 따라 그 소리가 다르다고 한다.

> "모리셔스 향고래의 코다는 7~8입니다. 한주기에 7~8회 소리를 낸다는 뜻이죠. 도미니카의 향고래는 4~5입니다. 다른 언어를 사용한다는 거죠. 이들이 서로의 코다를 알아들을 수 있는지는 알 수 없습니다."
>
> ─르네 휘제(수중 촬영감독)─

인간의 6배에 달하는 지구상에서 가장 큰 뇌를 가진 향고래가 주고받는 언어 속에는 과연 어떤 비밀이 숨어 있을까. 어쩌면 생각보다 가까운 미래에 밝혀질지 모른다. 이미 그 의미를 해석하려는 노력이 시작되고 있기 때문이다.

방송에 담지 못한 이야기

고래와 대화할 수 있는 날이 머지않았다? – 'CETI' 프로젝트

우리가 가장 소개하고 싶었던 것은 미국의 하버드와 MIT를 주축으로 생물학, 로봇공학, 기계학습, 언어학 및 공공 봉사 활동 분야의 전문가들이 모여 진행 중인 〈향고래 언어해독 프로젝트 'CETI'〉였다. CETI는 Cetacean Translation Initiative의 약자로 고래와 실제로 소통하고 대화한다는 대담한 목표를 세우고 시작된 프로젝트다.

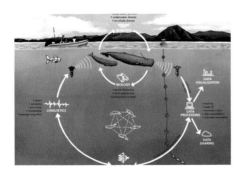

▲ CETI 프로젝트

2020년 본격 가동된 이 프로젝트는 도미니카 향고래들의 코다를 모아 AI '딥 머신 러닝' 기법을 적용해 그 의미를 해석한다. 코다를 모으기 위해 고래 몸에 부착하거나 바닷속에서 각종 정보를 모을 수 있는 다양한 형태의 로봇들이 개발되었고 현재 40억 개의 코다를 모아 분석 중으로 알려졌다. 이 프로젝트가 성공한다면 그야말로 고래와 인간이 소통하는 시대가 올 것이고, 나아가 다른 동물들과도 소통하는 시대가 올지 모른다. 실로 가슴 떨리는 프로젝트였다.

"고래와 대화를 하자는 이 프로젝트의 원래 동기 중 하나는 인간이 지구에서 유일하게 언어를 사용하는 '종'이 아니라는 것을 인식하는 것이었다. 기술이 다가갈수록 우리가(고래의) 사생활을 침해하는 것은 아닌지에 대해서도 고민하고 있다. 우리는 고래들이(침해받지 않고) 그들의 환경에서 그들의 방식으로 말하는 것을 듣고자 한다."

　　　　　　　–마이클 벨 박사(하버드 마이크로 로봇연구소 / CETI 프로그램 매니저)–

　오랜 기간 공들여 프로젝트 책임자인 데이빗 그루버의 인터뷰 섭외를 진행했지만, 촬영 일정이 맞지 않아 결국 인터뷰는 무산되었다. 대신, 2024년 쯤에 작은 성과가 있을 것이라는 답변을 들을 수 있었다. 그 약속이 이루어질지 계속 관심을 가지고 지켜볼 일이다. 취재를 진행할 당시, 이 프로젝트 멤버 중에는 한국인도 있었다. 미국교포가 아니라 한국에서 대학까지 마치고 박사과정을 진행 중인 유학생이었다. 그래서인지 더 뜻깊게 느껴졌던 CETI 프로젝트. 관심 있는 분들은 아래 링크를 참조하시길 바란다.

https://www.ted.com/talks/david_gruber_can_we_learn_to_talk_to_sperm_whales?language=ko

▲ 출처: CETI 프로젝트에 관한 데이빗 그루버(프로젝트 총책임자)의 TED 강연

2부

고래의 노래를 들어라

1. 혹등고래의 이타주의

고래와 대화할 수 있는 날이 올지도 모른다니...이 얼마나 흥분되는 일인가. 고래를 좋아하고, 고래를 연구하고, 고래 덕분에 먹고 사는 이들에게 'CETI'는 그야말로 꿈의 프로젝트다. 특히 자연 다큐멘터리를 제작하는 사람들에게 CETI는 신세계를 열어줄 열쇠가 될 것이다. 그래서 누구보다 CETI를 관심 있게 지켜보고 틈날 때마다 강연을 통해 홍보하는 사람이 있다. 바로 환경보호 생물학자로 일하다가 자연 다큐멘터리 제작자로 변신한 영국의 다큐멘터리 감독 톰 무스틸이다.

그에게 고래는 매우 특별한 존재이자 세상에서 가장 사랑하는 대상이다. 고래 때문에 죽음의 문턱까지 갔다가 살아난 경험 때문이다.

> "2015년이었어요. 고래를 보기 위해 미국 몬터레이 바다 위에서 카약을 타고 있었는데 갑자기 바로 옆에서 거대한 혹등고래가 솟구쳐 올랐습니다."
> -톰 무스틸(자연 다큐멘터리 감독)-

혹등고래가 솟구쳐 오른 이유는 '브리칭(Breaching-고래가 물 밖으로 높이 솟구쳤다가 몸을 수면에 부딪히면서 떨어지는 행동)'을 하기 위해서였다. 카약 바로 옆에서 솟구쳐 올랐으니, 떨어지는 방향은 영락없이 톰이 탄 카약 위였다.

> "그 모습을 보며 순간적으로 이런 생각이 머리를 스쳐 지나갔습니다. 아, 이렇게 죽는구나. 제 온몸의 뼈가 다 산산조각이 날 거라고 믿었으니까요."
> -톰 무스틸(자연 다큐멘터리 감독)-

고래 중에서도 가장 화려한 브리칭을 선보이기로 유명한 혹등고래. 15미터가 넘는 몸길이에 30톤이 넘는 거구지만 브리칭을 할 때 자신의 몸길이만큼 높이 솟구쳐 오른다. 그러다 보니 다시 물속으로 떨어질 때의 위력은 무려 수류탄 40개가 한꺼번에 터질 때와 맞먹는다고 한다. 다시 말해 톰은 카약을 타다가 졸지에 수류탄 40개를 맞은 상황에 처한 것이다. 그런데 놀랍게도 톰은 다친 곳 하나 없이 안전하게 구조되었다. 도대체 어떻게 된 일일까.

> "고래가 공중에서 절 봤기 때문이란 걸 알게 되었어요. 고래가 저에게 눈을 떼지 않고 공중에서 절 피해 몸을 돌려 카약 위로 떨어지지 않았던 거죠."
>
> -톰 무스틸(자연 다큐멘터리 감독)-

육중한 몸을 돌려 카약 위가 아닌 옆으로 떨어진 고래의 순발력 덕분에 수류탄 40개의 위력이 아닌, 카약이 뒤집힐 정도의 물보라만 맞고 다친 곳 하나 없이 구조되었다. 살았다는 안도감만큼이나 톰의 마음을 가득 채운 건 강한 의문이었다고 한다.

▼ 2015년 사고 당시 부상 없이 구조를 기다리던 톰과 일행의 모습

"고래는 왜 방향을 틀었을까요? 절 죽이지 않기 위해서였을까요? 제 주위의 과학자들과 전문가들에게 물어봤지만 아무도 답을 알려주지 않았습니다. 그래서 결심했죠. 내가 직접 그 답을 찾겠다고 말이죠."

-톰 무스틸(자연 다큐멘터리 감독)-

그때부터 혹등고래에 대한 자료를 모으고 연구하기 시작했다는 톰. 그러다 뜻밖의 사실을 알게 되었다고 한다. 혹등고래는 바다에서 위험에 빠지거나 약한 동물들을 보호하는 습성이 있으며 그걸 직접 목격한 이들이 많다는 것이었다. 대표적인 것이 범고래나 상어에게 공격당하는 다른 종류의 고래나 돌고래들, 그리고 물개나 바다표범 같은 동물들이었다.

바다표범을 사냥하는 범고래 주변을 빙빙 돌며 사냥을 방해하는가 하면 범고래에게 쫓기던 바다표범을 자신의 지느러미 위에 숨겨 구해주기까지 한다.

▼ 바다표범을 사냥하는 범고래 주변을 돌며 방해하는 혹등고래

범고래 연구자였던 로버트 피트만 박사는 범고래를 연구하다가 이런 혹등고래의 모습을 알게 되면서 관련 논문까지 썼다.

Save the Seal!
Whales act instinctively to save seals

By Robert L. Pitman and John W. Durban

▲ 범고래에게 쫓기는 바다표범을 자신의 지느러미에 숨겨준 혹등고래
출처: Save the Seal! Whales act instinctively to save seals
By Robert L. Pitman and John W. Durban

"이것이 가끔이 아니라 꽤 자주 관찰되는 현상인 것이 명백합니다. 널리 일어나는 현상인 거죠. 아프리카, 하와이 그리고 대부분의 경우 미국 몬터레이 지역에서 나타났어요."　　　-로버트 피트만 박사의 팟캐스트 중-

크기나 종에 상관없이 약한 개체를 보호하려는 습성이 몸에 밴 것일까. 더욱 놀라운 것은, 혹등고래가 보호하는 생명 중엔 사람도 있다는 것이다. 2017년, 고래 연구가인 낸 하우저 박사가 경험한 사건이 바로 그 예다.

"제가 봤던 것 중 가장 큰 백상아리가 저를 향해 다가오고 있었어요. 바로 그 순간, 혹등고래가 저의 몸 아래쪽을 받치더니 머리 위로 올리고 저를 보트 쪽으로 밀어줬어요."　　　-낸 하우저(고래 연구가)-

혹등고래는 왜 이런 행동을 할까. 아직은 고래와 대화를 할 수 없으니 짐작만 할 뿐이다.

"혹등고래들은 아마 종을 넘어 서로 보호하고 협력하기를 원할 거예요. 이타주의자라고 할 수 있는 거죠." -톰 무스틸(자연 다큐멘터리 감독)-

"동물의 세계에서 이타주의는 자연 선택의 관점에서 설명하기 어려울 수 있기 때문에 까다로운 문제입니다. 동물들의 특정 행동이 인간의 시점으로 보았을 때 동정심에서 비롯된 것처럼 보일 수 있지만, 연구자들은 인간 특유의 감정을 동물에게 주는 것을 경계합니다. 그러나 제가 이 연구를 하고 있다는 사실을 알게 된 사람들은 혹등고래의 이러한 상호 작용을 조금 다르게 바라보기 시작했습니다. 수년에 걸쳐 목격 횟수가 부쩍 늘어났습니다. 우리는 이 동물들이 상호작용하는 방식을 더 연구해야 할 것입니다. 더욱 놀라운 행동에 맞닥뜨릴 수 있으니까요. -로버트 피트만 박사의 NewScientist(영국 과학잡지) 인터뷰 중-

고래와 그들

고래 때문에 새 생명을 얻은 사람들

이타주의 성향을 가진 혹등고래에 관한 자료조사를 하던 도중 우리는 이런 행동을 하는 것이 어쩌면 혹등고래만이 아닐지도 모른다는 생각을 하게 되었다. 세계 각지에서 고래 때문에 목숨을 구하거나 위기 상황에서 벗어난 이들의 증언이 넘쳐났기 때문이다. 그중에서도 가장 많은 것이 돌고래였다.

■ 2014년, 뉴질랜드에서 아담 워커는 장거리 수영 중 상어에게 추격을 당했지만, 돌고래 떼 덕분에 목숨을 건졌다.

아담 워커는 뉴질랜드 쿡 해협에서 장거리 수영을 하던 중 백상아리가 자신을 따라오는 것을 발견했다. 다행히 10마리 정도의 돌고래 떼가 그를 둘러싸고 백상아리가 사라질 때까지 그와 함께 수영하며 그를 보호했고 안전히 돌아올 수 있었다고 한다. 아담은 본인의 페이스북에 "그들이 나를 보호하고 집으로 안내했다고 생각하고 싶다"고 게시물을 올렸다.

■ 2007년, 미국 캘리포니아 몬터레이에서 백상아리로부터 공격당한 서퍼 토드 엔드리스, 병코돌고래가 목숨을 살려주었다.

24살의 서퍼 토드 엔드리스는 2007년 8월 28일 행복하게 서핑을 하던 중 백상아리로부터 공격을 당해 심하게 물렸다. 청년은 겁에 질려 자신이 죽음을 직시하고 있다고 믿었으나, 갑자기 15마리의 병코돌고래가 나타나 그를 에워싼 채 상어와의 사이에 장벽을 만들었고 그로 인해 토드는 안전하게 해안에 도착할 수 있었다고 한다.

■ 2004년, 뉴질랜드 오션 비치에서 영국 출신 구조대원 로브 하우즈와 딸, 그리고 딸의 친구들이 돌고래 덕분에 상어로부터 살아남았다.

영국 태생의 구조대원 로브 하우즈와 그의 딸, 그리고 그녀의 친구 두 명을 포함한 네 명의 수영선수들이 뉴질랜드의 오션 비치 근처로 수영하러 갔을 때 흥미로운 일이 일어났다. 그들 주위에 돌고래 떼가 갑자기 나타난 것인데, 처음에 그들은 돌고래들이 장난을 치고 있다고 생각했지만, 돌고래들은 수영하는 그들 주위에 빽빽하게 원을 그리며 계속해서 그들을 에워쌌다. 그들의 행동을 이해하지 못한 로브는 원에서 벗어나려고 했지만, 돌고래들에 의해 다시 밀려났다. 그런데 그때 3미터 크기의 백상아리가 그들을 향해 오고 있다는 것을 깨달았고, 상어는 그들로부터 겨우 2미터 떨어져 있었다. 돌고래들은 그들을 보호하기 위해 수영하는 그들 주위에 모여 있었다. 상어가 흥미를 잃을 때까지 40분 동안 그들 주위를 계속 맴돌았다는 돌고래들. 덕분에 그들은 해안까지 100미터를 무사히 수영해서 돌아올 수 있었다고 한다.

이 밖에도 더 많은 증언들이 있지만 지면 관계상 생략한다. 사진이나 영상을 촬영할 수 없는 위급 상황이 대부분이었던 만큼 그들의 말을 증명할 객관적인 증거는 없지만, 이런 경험을 한 사람들이 끊이지 않는 걸 보면 일부 고래들에게는 다른 동물을 보호하려는 성향이 있을지 모른다는 추정을 가능케 한다. 그 이유는 여전히 미스터리지만 말이다.

2. 혹등고래의 사랑과 전쟁

혹등고래의 사랑 천국, 통가

고래에 대해 알면 알수록 묘한 전율이 느껴졌다. 지구상에서 가장 거대한 동물이라는 수식어만큼 우리가 아직 알지 못하는 비밀 또한 거대하게 느껴졌기 때문이다. 향고래도 자료조사와 연구자들을 통해 알게 된 내용보다 직접 눈으로 마주하고서야 알게 된 내용들이 더 많았듯, 혹등고래 역시 직접 눈으로 확인하고 싶었다. 그래서 날아간 곳. 남태평양 한가운데 있는 섬, 통가였다.

고래를 보러 가는 곳 중에 쉬운 여정이 어디 있겠느냐만 통가 역시 만만치 않았다. 비행기를 세 번이나 갈아타며 3일에 걸쳐 도착한 통가공화국. 인도양과 남태평양의 차이 때문일까. 모리셔스와는 또 다른 느낌을 주는 바다 풍경이 우리를 압도했다.

다이버들이 '인생에서 가장 마지막에 여는 천국의 문'이라 부를 만큼 깊고 아름다운 바다. 모리셔스에서도 느낀 거지만, 또다시 고래가 부러워지기 시작했다. 어쩜 이렇게 아름다운 곳에서만 사는 건지...

통가에서 혹등고래들을 볼 수 있는 시기는 7월부터 10월까지다. 남극에서 크릴새우를 잔뜩 먹고 몸을 불린 혹등고래들이 2개월간 1만 킬로미터의 대장정을 거쳐 이곳을 찾아오는 것이다. 혹등고래가 고래 중에서도 가장 먼 거리를 이동하는 고래 중 하나라고 손꼽히는 이유다. 남극에서 이곳까지 오는 2개월의 여정 동안 혹등고래는 아무것도 먹지 않고 오직 헤엄만 치며 통가에 와서도 먹이를 거의 먹지 않는다고 한다. 통가처럼 따뜻한 바다에서는 플랑크톤 번식이 어려워 혹등고래 같은 수염고래는 딱히 먹을 게 마땅치 않기 때문이다. 그렇다면 왜 그 먼 거리를 헤엄쳐 이곳에 오는 걸까.

"통가는 세상에서 가장 깊은 바다를 가지고 있어요. 수심이 2~3km 에 달하죠. 게다가 정말 아름답고 깨끗하죠. 수심 20~30m 깊이까지 도 보입니다. 고래들은 이 크고 아름다운 바다에서 짝짓기하고, 새끼 를 낳고 휴식을 취할 수 있습니다." -무하마드 하니프(통가 고래관광업체 대표)-

그러니까 혹등고래들에게 통가는 거대한 만남의 장이자, 신혼여행 지인 동시에 산후조리원인 셈이다. 혹등고래 입장에서 본다면 '사랑의 천국'이라고 할까.

브리칭과 히트 런

사랑의 천국에서 가장 바삐 움직이는 건 짝을 찾는 수컷 고래들이 다. 암컷의 마음을 사로잡기 위해 자신을 과시하는 수컷들의 모습은 동 물의 세계에선 익숙한 풍경이다. 그렇다면 고래들은 어떻게 자신을 과 시할까. 대표적인 것이 브리칭이다. 물론 대부분의 고래는 브리칭을 하 고 그 이유에 대해서는 다양한 추정들이 있다. 피부에 붙어 있는 따개 비나 벼룩 같은 기생충들을 털어내려고 하는 행동일 거라는 단순한 추 정부터 동료들에게 신호를 보내는 일종의 의사소통이라는 얘기까지. 하지만 혹등고래처럼 유독 화려한 브리칭에는 또 다른 이유가 있을 것 이라는 추정이 가능하다. 바로 '사랑' 때문이라는 것이다. 짝짓기 철에 암컷 고래를 유혹하기 위해 수컷 고래가 자기과시를 하는 대표적인 방 법이 브리칭이라는 것이다.

　사실 브리칭은 혹등고래 하면 가장 먼저 떠오르는 모습이다. 고래 중에서도 가장 화려한 브리칭을 선보이기 때문이다. 하지만 그 브리칭은 그야말로 찰나의 순간인데다가 언제 어디에서 튀어 오를지 모르는 만큼 웬만한 베테랑이 아니면 카메라에 담기 어렵다.

　하지만 우리에겐 임완호 촬영감독이 있었다. 7년 동안 고래를 촬영하며 그가 익힌 촬영의 기술은 세계 최고 수준이다. 우리가 보기엔 그저 평범해 보이는 바다의 한 부분을 점찍은 후, 그쪽으로 카메라를 향한 채 배 위에서 바위처럼 미동도 하지 않고 뷰파인더만 뚫어지게 응시한다. 그러면 마치 요술처럼 그곳에서 혹등고래의 거대한 몸체가 솟구쳐 오르곤 했다. 그 모습을 보고 흥분해 소리를 지르는 우리와 달리, 임완호 촬영감독은 침착하게 브리칭의 전 과정을 빠짐없이 8K 고화질 영상으로 담아내곤 했다.

혹등고래

브리칭 만큼이나 촬영하기 어려운 건 혹등고래의 헤엄치는 모습이다. 거대한 몸집 때문에 헤엄치는 속도가 빠르진 않지만 파도 때문에 사정없이 흔들리는 배 위에서 헤엄치는 고래를 따라가며 촬영을 하는 건 쉬운 일이 아니다. 따라서 고래의 헤엄치는 모습은 대부분 드론으로 촬영하는데, 그 드론을 얼마나 잘 조종해 생생한 혹등고래의 모습을 담느냐 역시 경력과 기술이 판가름한다.

임완호 촬영감독의 드론 촬영은 외국 다큐멘터리에서도 좀처럼 본 적 없는 화려한 기술을 자랑한다. 덕분에 마치 바로 앞에서 보는 듯 혹등고래의 모습과 다양한 행동을 관찰할 수 있었다.

'혹등'이라는 이름이 붙게 만든 등의 혹, 향고래와 마찬가지로 숨을 쉬기 위한 거대한 콧구멍. 그리고 마치 인간의 지문처럼 무늬가 조금씩 달라 개체를 식별하는 데 사용한다는 거대한 꼬리까지.

또한 의사소통의 수단일 거라 추정되는 지느러미 치기(PEC SLAP), 꼬리 치기(TAIL SLAP), 머리 치기(HEAD SLAP) 등 다양한 행동들을 볼 수 있었다.

하지만 드론 촬영을 통해 우리가 가장 보고 싶었던 혹등고래의 모습은 따로 있었다. 실력은 기본이고 운이 따라줘야 촬영할 수 있다는 그 현장을 마주한 건 촬영 5일째 되던 날. 배 위에서 쉬지 않고 드론을 날려 혹등고래들의 움직임을 정찰하고 있을 때였다. 몇 시간째 뚫어지게 드론 모니터를 보고 있던 임완호 촬영감독이 갑자기 탄성을 내지르기 시작했다.

"으아~~~!!!! 드디어 잡았다! 5마리야 전부, 엄청 속도 내는데!!!
이건 진짜 전쟁이야, 전쟁!!"

-임완호 촬영감독-

5마리의 고래들이 마치 무언가를 쫓듯이 빠르게 질주하고 있었다. 맨 앞에 암컷 고래가 있고 그 뒤를 수컷 고래들이 쫓아가는 중이었다. 우리가 그토록 바랐던 그 광경, 혹등고래의 '히트 런(Heat Run)'이었다.

암컷
FEMALE

히트 런이란 성숙한 수컷 고래들이 한 마리의 암컷을 두고 빠르게 헤엄치며 경쟁하는 행위를 말한다. 암컷 고래에게 선택받기 위해 다른 경쟁자를 밀어붙이거나 달려들기도 하며 벌이는 이른바 사랑 쟁탈전이다. 무려 20분 가까이 계속된 질주. 드론으로도 따라가기가 어려울 만큼 빠른 속도였다. 빠르게 헤엄치는 와중에 펼쳐지는 수컷 고래들의 몸싸움도 장관이었다. 마치 증기를 내뿜고 달리는 기관차처럼 하얀 물거품을 연달아 내뿜어 뒤따라오는 경쟁자의 시야를 흐리는가 하면, 지느러미로 공격하고 브레이크를 걸듯 갑자기 멈춰서 경로를 방해하기도 한다. 그래도 물러서지 않으면 몸싸움도 서슴지 않았다.

그야말로 전쟁이 따로 없었다. 지친 수컷 고래들이 하나둘 탈락하고 마지막까지 치열하게 몸싸움을 벌이던 두 마리 중 한 마리가 물러나면서 승자가 결정됐다. 드디어 혹등고래 커플이 탄생한 것이다.

엄청난 전쟁을 치른 끝에 얻은 사랑의 모습은 어떨까. 경쟁자를 모두 물리친 후 암컷 고래의 옆에서 나란히 헤엄을 치는 수컷 고래. 짝짓기 단계 중 하나인 '에스코트(Escort)'라고 부르는 행동이다.

이제 곧 커플이 된 이들의 데이트 현장을 포착할 수 있다는 생각에 설레는 맘으로 주시하던 순간, 커플 고래가 마치 은밀한 사랑을 나누려는 듯 깊은 바닷속으로 들어가 버렸다. 더 이상 드론으로 쫓아갈 수가 없는 것이다. 김동식 수중 촬영감독이 나설 차례였다.

쉘 위 댄스?

바닷속에서 커플이 된 고래를 다시 만났을 때 가장 흥미로웠던 건 히트 런을 할 때와는 확연히 다른 수컷 고래의 모습이었다. 거칠게 몸싸움하며 마치 범인을 쫓는 경찰처럼 전속력으로 물살을 가르던 모습은 온데간데없이, 암컷 고래를 마주 보며 너무나도 다정한 모습으로 아주 천천히 암컷 고래의 행동을 따라 하고 있는게 아닌가. 그 모습이 꼭 사랑의 왈츠를 추고 있는 것처럼 보였다.

"춤을 추는데 어떻게 똑같이, 저렇게 싱크로율이 맞고 같이 움직일 수 있는지 정말 신기해요. 이거는 그 둘 사이에 엄청난 교감이 있지 않으면 이루어질 수 없는 일이에요."

-임완호 촬영감독-

    마치, 바닷속 어딘가에서 왈츠가 흘러나오고 있는 듯한 느낌이 들 정도로 아름다웠던 고래 커플의 모습. 우리에겐 사랑의 왈츠를 추는 것처럼 보였지만 이런 행동이 무엇을 의미하는지는 정확히 알 수 없다. 다만, 히트 런으로 커플이 된 후 곧바로 짝짓기를 하지 않고 다정하게 마주 보며 서로의 행동을 따라 하는 고래 커플의 모습이, 마치 이제 막 사랑을 시작하는 연인들처럼 수줍게 보였다고 할까. 물론 이 역시 철저하게 인간의 시선으로 바라본 느낌이지만 말이다.

    사랑의 왈츠가 끝난 뒤 다시 깊은 바닷속으로 사라진 고래 커플. 통가에서도 김동식 수중 촬영감독은 공기통을 메지 않고 스킨 촬영을 했기 때문에 숨이 모자라 수면위로 올라갔다가 다시 내려가야 했다. 그런데 숨을 채운 후 다시 내려가 마주한 광경은 숨 막힐 정도로 황홀했다고 한다. 서로를 향해 천천히 다가가 아래위로 조심스레 몸을 포개는

모습이 사랑을 나누기 직전의 모습으로 보였는데 그 모습을 끝으로 김동식 수중 촬영감독은 자리를 비켜주었다고 한다. 너무나 조심스레 천천히 행동하는 고래들을 계속 지켜보기에는 숨이 모자라기도 했지만, 왠지 그 모습만큼은 그들만의 비밀로 남겨두고 싶었다는 것이다. 고래에게도 사생활이란 게 있으니까. 아쉽긴 했지만, 그 모습만으로도 충분히 황홀하고 가슴 떨리는 장면이었다.

"사랑하는 젊은 남녀의 모습이 그대로 있는데 이 순간만큼은 제가 너무 황홀했어요. 기분도 되게 좋았고요. 아마 다큐멘터리의 최고의 장면이 되지 않을까요."
-김동식 수중 촬영감독-

　자신보다 작거나 약한 개체를 보호해주는 이타주의 성향을 알게 되었을 때도 느낀 거지만 직접 눈으로 혹등고래 커플의 연애 현장을 목도하고 나니, 고래를 가리켜 왜 바다에 사는 인간이라 부르는지를 알 것 같았다. 인간의 언어로 표현하자면 그야말로 휴머니스트요, 로맨티스트인 혹등고래. 특히 물속에서 행하기 때문에 잘 공개되지 않았던 고래들의 몸짓은 '춤'이라는 단어 외에는 적절한 표현이 생각나지 않을 만큼 아름다웠다. 커플이 함께 추는 사랑의 왈츠는 물론이고, 어미 고래 옆에 있다가 김동식 수중 촬영감독의 카메라를 발견하고 호기심이 발동한 새끼 고래가 카메라 앞으로 와 끊임없이 몸을 움직이던 모습은 에너지 넘치는 아가들의 귀여운 댄스 같았다.

◀ 통가의 새끼 고래 춤추는 장면

　남극에 비해 따뜻한 통가의 바다에서 무럭무럭 자란 후, 엄마를 따라 다시 남극까지의 먼 여정을 떠날 새끼 혹등고래. 그 귀여운 몸짓이 오랜 시간 마음에 남았다. 하지만 제작진에게 가장 울림을 준 혹등고래의 춤은 촬영 마지막 날 마치 선물처럼 우리에게 찾아온 4마리 혹등고래가 추던 군무였다. 마치 연습이라도 한 듯 함께 모여 느리지만 부드럽고 아름다운 춤사위를 보여주었던 혹등고래들.

　배 위에서 그 모습을 지켜보던 임완호 촬영감독이 참지 못하고 바닷속으로 뛰어들었다. 카메라 뷰파인더가 아닌, 직접 눈으로 보고 싶은 마음에서였는데 고래를 촬영했던 지난 7년을 통틀어 가장 감격스러웠던 순간이었다고 한다.

　"이야, 이런 세상이 있구나. 하늘나라에서 우리가 꿈을 꿔가지고 하늘을 막 날아다니는 듯한 느낌 있잖아요. 우리가 전혀 보지 못했던 그런

머릿속에, 동화 속에서 그렸던 그런 것들이 펼쳐지는 모습 있잖아요.
이런 것들이었어요."

– 임완호 촬영감독 –

　신비로움을 더해준 건, 춤을 추던 고래들이 서서히 몸을 돌려 머리
를 맞대더니 일제히 부르기 시작한 노래였다.

"혹등고래 4마리가 노래 연습을 많이 한 합창단이 하는 것 같은. 성
악, 되게 맑고 고운 목소리 그게 너무 아름다웠어요. 눈앞에서 공연이
펼쳐지는 느낌이랄까. 그래서 이건 혹등고래가 노래 부를 때는 그건
직접 들어봐야 그 느낌을 알 수 있어요.

– 김동식 수중 촬영감독 –

3. 혹등고래의 노래

통가에 머무는 한 달 동안 눈만큼이나 호강한 건 귀였다. 바다 곳곳에서 들려오던 신비로운 소리. 마치 노래처럼 높낮이가 있고 리듬이 있었던 그 소리는, 깊은 바닷속에서 혹등고래가 부르는 노래였다.

▲ 혹등고래 노래 소리

향고래의 코다는 신비롭긴 했지만 듣기에 아름다운 소리는 아니었다. 그런데 혹등고래의 노래는 들으면 들을수록 마음을 사로잡았다. 다른 종인 사람의 마음도 사로잡는데, 하물며 같은 고래는 어떻겠는가. 현재까지 알려진 바로는 노래를 부르는 혹등고래는 거의 수컷이라고 알려져 있다. 왜 수컷 고래만 노래를 부를까. 이미 짐작한 분들도 계실 거다. 혹등고래가 노래를 부르는 이유 중 하나로 추정되는 것이 바로 암컷 고래를 유혹하기 위한 사랑의 세레나데라는 것이다.

구애하기 위해 부르는 혹등고래의 노래는 사랑만이 아니라 자신들을 포함한 모든 고래들을 구했다. 상업 포경 시대에 인간에 의해 희생된 고래는 지난 20세기에만 290만 마리가 넘는다고 알려져 있다. 기름을 뽑기 위해, 고래 고기를 먹기 위해 엄청난 수의 고래를 죽이던 인간들이 그 잔인한 행동을 멈추게 된 게 바로 혹등고래의 노래를 듣고 난 후였다. 1971년, 혹등고래의 노래를 담은 음반이 정식 발매되었다. 음반을 제작한 사람은 세계에서 처음으로 고래 보호 단체를 설립한 미국의 '로저페인' 박사. 그는 우연히 혹등고래의 노랫소리를 듣고 그것이 단순한 동물의 울음소리가 아니라 리듬에 따른 음의 조합이 있는 노래라는 걸 깨닫게 되었다고 한다. 그래서 사람들에게 고래가 노래하는 지적 동물이라는 걸 알리고자 마음먹었고 그 소리를 녹음해 손수 악보를 만들고 음반을 제작했다.

당시 이 음반은 빌보드 순위에도 오를 정도로 큰 인기를 끌게 됐고, 우주 탐사선 보이저호에 실린 인류의 위대한 자산 중 하나로 포함되기도 했다. 그만큼 혹등고래의 노래는 사람들의 마음을 움직였던 것이다. 아름다운 노래를 하는 지적 동물을 죽여 기름을 뽑고 고기를 먹는 것이 얼마나 잔인한 행동인지를 자각한 사람들은 상업 포경을 반대하기 시작했고, 그때부터 전 세계적으로 고래 보호 운동이 전개되었다.

"사람들은 고래가 가수이자 시인이라는 걸 깨닫게 된 거예요. 세상에서 제일 거대한 가수이자 시인의 노래가 우리의 바다를 통해 울려 퍼지고 있어요. 정말 의심의 여지가 없는 사실은 이 노랫소리의 발견이 고래 보호 운동의 시작이 되었다는 거예요."

-이안 커 박사(로저페인 박사의 동료이자 고래보호단체 CEO)-

음악의 힘이 얼마나 대단한가는 인류의 역사 속에서도 증명이 되어

왔지만, 혹등고래의 노래가 다른 고래들을 구했다는 놀라운 사실을 아는 사람은 많지 않다. 지금까지도 포경이 멈추지 않고 계속되었다면 지구 생태계에서 고래 종은 사라졌을지도 모른다. 그 재앙과도 같은 비극을 막은 게 바로 혹등고래의 노래다. 기회가 되시면 한 번쯤 혹등고래의 노래가 담긴 음반을 들어보시길 바란다. 동물 보호 운동가, 환경 운동가라는 단어조차 생소했던 50년 전, 평범한 사람들을 동물 보호 운동가, 환경 운동가로 만든 이유가 무엇인지를 알게 될 것이다.

취재 후기

푸른 바다의 전설을 만나다 - 이은솔 PD

"뭐 하러 가시는 거예요?"

인천 국제공항에서부터 호주 시드니를 거쳐 피지 난디, 그리고 통가의 바바우까지 공항을 총 네 번 거치는 동안 단 한 번도 캐리어가 그냥 통과하는 법이 없었다. 햇반 60개, 봉지라면 30개, 튜브형 고추장 15개, 간편하게 끓여 먹을 수 있는 북엇국 블록 100개, 믹스커피 다발과 각종 K-통조림들, 멀미약 수십 일치로 가득 찬 32인치 캐리어. 누가 봐도 한국에서 온 소매상으로 오해하기 딱 좋은 모양새였다. 의심스러운 눈으로 쳐다보는 공항 직원에게 우리는 한국 방송국 제작진이며, 고래를 찍으러 온 다큐멘터리 팀이고, 이건 우리 촬영팀이 먹을 음식이라고 더듬거리며 해명하면서도 잘 실감이 나지 않았다. 고래를 찍으러 간다니. 그것도 꿈에서나 볼 법한 혹등고래를.

남태평양의 한 가운데에 위치한 통가의 바바우 제도에 가기 위해서는 꼬박 3일이라는 시간이 필요했다. 하루에 한 번 뜰까 말까 하다는 바바우행 경비행기에서 내리자 통가의 전통의상인 '타오발라'를 치마처럼 둘러 입은 원주민들이 하나둘 눈에 들어오기 시작했다. 숙소가 위치한 네이아푸로 들어가는 길 양옆으로는 야자수 나무가 늘어져 있었고 차도와 인도의 구분이 없는 거리에는 소와 돼지와 말과 들개들이 주인 없이 자유롭게 걸어 다니고 있었다. 7월 초의 뜨거운 한 여름, 짝짓기와 출산을 위해 남극에서부터 수천 킬로미터를 헤엄쳐 온 혹등고래들과 함께 이제 막 낯선 땅을 밟은 〈고래와 나〉 팀의 통가 촬영이 시작됐다.

하필이면 첫 촬영 날부터 우리는 바다 맛을 제대로 봤다. 배에 올라탄 새벽 7시쯤부터 구름이 심상치 않더니 1시간 정도 배를 타고 나가자 비바람이 몰아치기 시작한 것이다. 시간이 지날수록 바닷길은 점점 더 험악해져 갔다. 온갖 궂은 현장에 다 나가본 베테랑 카메라 감독님들조차도 카메라를 들지 못할 정도로 배 안으로 바닷물이 쏟아져 들어왔다. 몰려오는 뱃멀미에 난간을 부여잡고 비바람이 그치길 애원하던 도중 저 멀리에서 '펑-'하는 소리가 들렸다. 배보다 높이 솟은 파도 때문에 앞이 잘 보이지 않았지만 바다 위로 수류탄이 떨어진 것만 같은 거대한 진동이 분명하게 온몸으로 느껴졌다.

"와아아아! 고래다!"

배에 타 있는 사람들 모두가 환호성을 지르던 순간 다시 한번 혹등고래 한 마리가 바다를 가르고 높이 솟아올랐다. 그야말로 비현실적인 혹등고래와의 첫 만남이었다.

육지가 보이지 않는 망망대해에서 만난 혹등고래는 경이로우면서도 동시에 공포감을 불러일으켰다. 우리가 타고 있는 배 정도는 거뜬히 삼킬 수 있을 것 같은 깊은 바다를 제집처럼 자유롭게 드나드는 존재가 있다니. 마음만 먹으면 낯선 이방인들을 해치우는 건 일도 아닐 것 같은 저 거대한 몸으로 말이다. 알게 모르게 지구의 주인공은 인류라고 믿고 있었던 세계관이 혹등고래의 폭발하는 생명력 앞에서 가차 없이 무너졌다. 여기에서는 아무것도 내 뜻대로 할 수 없겠다는 무력감과 동시에 자연의 일부가 된 것 같은 후련함 속에서 본격적인 촬영이 시작됐다.

고래를 찍는 데에 별다른 방법은 없었다. 모두가 두 눈에 불을 켜고 수면 위를 보고 있다가 고래가 잠깐 숨을 쉬러 올라오는 '블로잉'을 목격하면 그 방향으로 수중 촬영감독님이 입수했다. 보통의 고래들은 재빠르게 몸을 피해 사라졌지만 가끔 운이 좋으면 촬영감독님 주변을 빙빙 돌며 노는 고래들을 만났다. 어떤 고래들은 배 주변으로 먼저 다가와 눈을 빼꼼 내놓고 '스파이 홉'으로 우리를 살피기도 했고, 새끼 고래를 옆구리에 낀 어미 고래가 유유히 배 옆을 지나가기도 했다. 매일 같이 바다에 나가 시간을 보내면서 한 가지 사실만큼은 확실히 알 수 있었다. 혹등고래들은 결코 사람을 해칠 생각이 없다는 것.

7년 동안 전 세계를 누비며 고래를 촬영해온 임완호 촬영감독님과 김동식 수중 촬영감독님 역시 경험으로 그 사실을 알게 되셨다고 했다. 물속에서 가까이 다가가 촬영을 하다보면 사람을 다치게 할까 봐 지느러미를 살짝 들어주기도 한다는 김동식 수중 촬영감독님의 경험담이 단순한 농담으로만 들리지는 않았다. 호기심이 많고 다른 종에 대한 포용력이 있는 다정한 생명체. 숨소리를 들을 수 있을 만큼 가까이에서 경험한 혹등고래는 그런 존재였다.

통가에서의 촬영은 마치 〈정글의 법칙〉을 찍는 것처럼 다이내믹하게 흘러갔다. 작살로 참치를 잡아 회를 떠먹거나 숙소 근처 바다에서 잡은 문어를 박박 씻어 삶아 먹는 건 예삿일이었다. 6.9 규모의 강진이 발생해 한밤중에 숙소에서 촬영팀 전원이 뛰쳐나온 일도 있었고, 바다 한복판에서 배가 고장 나 새벽 내내 구조 신호를 보내다가 아침에서야 구조된 적도 있었다.

호우주의보가 내려 며칠간 배를 못 탈 때는 이러다간 진짜 망할 것만 같아 제대로 잠을 자지도 못했다. 내가 전전긍긍해 할 때마다 30년간 자연 다큐멘터리를 찍어 오신 임완호, 김동식 두 감독님들은 초연한 표정으로 나를 달랬다.

"자연의 시간은 우리와 다르게 흐르기 때문에 인내하다 보면 기회를 줄 거야."

두 인생 선배들의 단단한 말을 믿고 기다리다 보면 정말 기적처럼 맑은 하늘 아래에서 또다시 고래를 만날 수 있었다. 고래를 찾고, 고래의 몸짓을 보고, 고래의 소리를 듣고, 환호성을 지르며 그렇게 한 달의 시간이 흘렀다. 두 감독님들의 깔끔했던 턱에 흰 수염이 무성하게 자랐을 때쯤 우리의 여정은 막을 내렸다.

통가의 여정을 담은 〈고래와 나〉 2부 방송이 나간 후 시청자 게시판에는 직접 가서 고래를 보고 싶어졌다는 시청자들의 감상평이 유독 많았다. 다른 건 몰라도 현장에서 혹등고래를 만나며 느꼈던 감격만큼은 제대로 전달되길 바랐으니 어쩌면 목적은 달성한 걸지도 모른다.

깊이를 가늠할 수 없는 푸른 바다, 주황빛과 보랏빛이 겹쳐져 있는 노을, 금방이라도 쏟아질 것 같은 은하수를 품은 밤하늘, 그리고 그 모든 무대의 주인공이던 혹등고래. 방송으로 미처 다 담지는 못했고 말로도 충분히 표현할 수 없겠지만 조연으로서 누릴 수 있는 것은 다 누렸다. 늘 우주와 함께 그려지던 미지의 존재가 살아 생동하는 모습을 보는 것만으로도 어떤 진실에 가까워졌다고 느꼈으니 말이다.

방송에 담지 못한 이야기

통가에서 느낀 애국심

통가에서 머무는 한 달 동안, 촬영팀은 몇 번이나 위기 상황을 맞았다. 그 중 하나는 상어의 출몰이었는데 바닷속 촬영인 만큼 예상했던 위기였고 상어 촬영도 여러 차례 경험했던 김동식 수중 촬영감독이 있었기에 무사히 넘길 수 있었다. 하지만 통가에 도착한 지 4일째 되던 날, 촬영팀 모두가 한 번도 경험하지 못한 위급 상황이 발생했다. 한밤중에 해변가 바로 옆에 위치한 촬영팀의 숙소 건물이 흔들리기 시작했다. 1년 전인 2022년, 통가에서 화산이 폭발하는 대형재난이 발생했기 때문에 혹시라도 똑같은 일이 발생했을지 모른다는 두려움이 엄습했고, 촬영팀 모두 자다 말고 맨발로 뛰쳐나와 바다 앞에서 우왕좌왕하며 공포에 떨어야 했다. 그 어떤 뉴스도 제대로 접할 수 없었던 상황에서 촬영팀을 안심시킨 건 뛰쳐나올 때 챙겨온 휴대폰에서 띠링~ 울린 문자 한 통이었다. 발신자는 대한민국 정부였다.

한국시각 07월02일 19시27분 통가 누쿠알로파 북쪽 366km 해역 규모 6.9 지진 발생 (위경도 -17.85, -174.94)

도움 필요 시 외교부 영사콜센터 (+82-2-3210-0404) 전화. 기상청, 외교부 영사콜센터와 협력 제공하는 정보로, 현지 통신품질에 따라 지연/누락 가능

지구 반대편, 1만 킬로미터 떨어진 통가에서 발생한 지진을, 혹시라도 그곳에 있을지 모를 대한민국 국민에게 전달해준 감동의 문자. 고래를 찾으러 왔다가 애국심을 찾아간 순간이었다.

4. 반전 매력, 귀신고래

천사 같은 성품에 가족애로 똘똘 뭉친 향고래에 이어 사랑꾼이자 세상에서 제일 거대한 가수인 혹등고래까지. 알면 알수록 놀랍고 신비로운 고래의 매력은 장기간의 출장과 고된 촬영 일정에도 꿋꿋이 버틸 수 있는 설렘을 주었다.

인종과 국적에 따라 저마다의 문화를 간직한 사람처럼, 고래들 역시 종마다 그 특성과 매력이 달랐다. 그중에서도 가장 뜻밖의 매력을 간직한 고래는 멕시코에서 만난 '귀신고래(Gray Whale)'다.

귀신고래는 쇠고래, 회색고래 등으로 불리기도 하며 평균 수명은 50~60년이다. 성체의 몸길이는 11~15미터로 대형 고래에 속하며 등 지느러미가 없는 게 특징이다. 귀신고래 역시 혹등고래 못지않게 장거리를 이동하는 고래다.

과거엔 상업 포경지역이었지만 지금은 고래에게 가장 안전한 장소가 된 멕시코의 '엘 비즈카이노' 고래 보호 구역. 이곳엔 '오호 데 리에브레'라는 석호(潟湖 - 바닷가에 생긴 모래사장으로 인해 바다와 격리된 호수로 염분농도가 높다)가 있다. 세계 최대의 소금 광산이라 불리는 곳으로 염도와 수온이 높고 수심이 얕다.

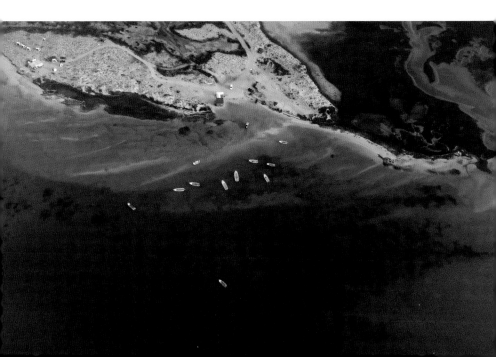

그러다 보니 그런 물을 싫어하는 범고래나 상어가 없다. 따라서 범고래나 상어가 천적인 귀신고래에겐 더없이 안전한 장소다 보니 매년 겨울이 되면 이곳은 북극에서 온 수천 마리의 귀신고래들로 북적인다.

북극에서 1만 킬로미터를 헤엄쳐 와 이곳에서 짝짓기를 하고 새끼를 낳아 키우다가 봄이 되면 새끼와 함께 다시 북극으로의 먼 길을 떠나는 것이다. 통가가 혹등고래들에게 사랑의 천국이었듯이, 귀신고래들에겐 멕시코의 오호 데 리에브레 석호가 사랑의 천국인 셈이다.

"매년 겨울 이곳을 찾아오는 귀신고래가 보통 1,500~2,000마리 정도
  됩니다. 제일 많은 해에는 2,721마리가 있었어요."

-프랑코 선장(고래관광선 운영)-

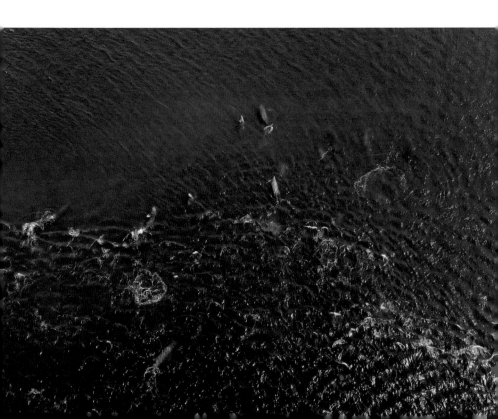

매년 찾아오는 귀신고래의 숫자까지 정확히 알 정도로 이곳을 찾는 귀신고래와 특별한 관계를 맺고 있는 프랑코 선장. 그는 오호 데 리에브레 석호안에 있는 작은 어촌 마을 '게레로 네그로'에서 태어나 10대 시절부터 귀신고래와 우정을 나누었고 2003년부터 사람들에게 귀신고래를 보여주는 일을 하고 있다. 여러 업체들이 고래관광선을 운영하는 모리셔스나 통가와는 달리, 이곳 게레로 네그로에서는 프랑코 선장만이 홀로 그 일을 하고 있었다. 관광업이라기보다는 일종의 지역 체험이라고나 할까. 원래 직업이 어부였던 만큼 그의 배는 배라기보다는 보트라고 해야 어울리는 작은 크기다.

사실 배를 본 순간 걱정부터 앞섰다. 귀신고래 한 마리보다도 작은 보트를 타고 나가 귀신고래를 본다니...위험하지 않을까.

귀신고래 역시 과거 포경 시대에 기름채취를 목적으로 가장 많이 죽임을 당한 고래 중 하나다. 그러다 보니 포경업자들에게 대항하기 위해 포경선에 달려드는 경향이 있어 'Devil Fish'라 불릴 만큼 공포의 대상이었다고 한다. 귀신고래만큼이나 섬뜩한 별칭이다.

20년 넘게 귀신고래들과 함께 살아온 프랑코 선장을 믿기는 했지만 수천 마리의 귀신고래들로 북적인다는 바다를 보면서 처음에는 긴장했던 것도 사실이다. 고래들의 이름이 대부분 사람의 편의나 편견에 따라 붙여진 이름이지만 섬뜩하게 '귀신고래'라는 이름을 붙인 데는 분명 이유가 있을거라 생각했기 때문이다. 하지만 그런 편견도 잠시, 고래를 지켜본 지 얼마 되지 않아 이들이 귀신고래라고 불리는 이유가 무서워서가 아니라 사람을 놀라게 해서라는 걸 알게 됐다.

혹등고래나 향고래처럼 몸길이가 10미터를 훌쩍 넘는 거구지만, 거대한 물기둥이나 브리칭 없이 갑자기 스윽 다가와 물 밖으로 고개를 빼꼼 내밀었다가 다시 감쪽같이 사라지곤 했다. '스파이 홉(Spy Hop)'이라 불리는 이런 행동은 다른 고래들도 하는 행동이지만 귀신고래는 머리 부분에 따개비 같은 기생체들이 집중적으로 붙어 있다 보니 머리를 스윽 내밀 때 다소 기괴한 느낌을 주는 건 물론, 회색 몸체에 얼룩덜룩 나 있는 흰 반점들이 약간의 으스스함을 더해준다. 따라서 귀엽거나 신기해 보이는 다른 고래들의 스파이 홉과 달리, 귀신고래들의 스파이 홉은 마치 귀신처럼 사람을 놀래키곤 한다.

하지만 가까이서 직접 눈으로 본 귀신고래의 모습은 사람을 으스스하게 하는 귀신이 아니라 꼬마 유령처럼 귀여운 귀신같았다.

이름과는 전혀 걸맞지 않은 행동 때문이다.

프랑코 선장의 배를 발견하자 갑자기 여러 마리의 귀신고래들이 배 주위로 몰려들기 시작했다. 거대한 몸체를 가진 고래들이 작은 보트를 향해 달려드니 처음엔 긴장했지만, 그 어떤 공격적인 행동도 없었다. 마치 주인을 따라다니는 반려동물처럼 그저 얌전히 배를 따라왔다.

프랑코 선장의 배를 알아보는 고래들의 모습이 신기하다는 생각도 잠시, 그다음에 펼쳐진 광경은 놀라움 그 자체였다. 프랑코 선장이 바다 한가운데 배를 세우자, 귀신고래들이 주변을 빙 둘러싸더니 배 옆으로 다가오기 시작했다. 역시나 귀신처럼 스윽~다가오더니 슬쩍 물 위

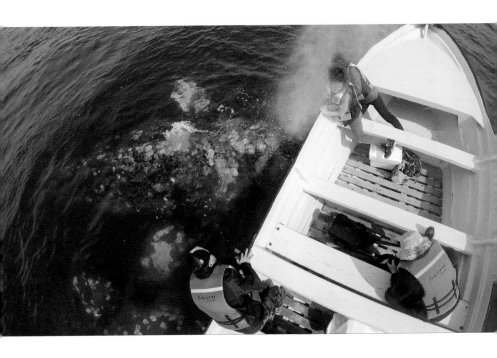

로 고개를 내밀고는 함께 놀자는 듯 배에 탄 사람들을 향해 물을 뿜으며 장난을 치는 게 아닌가.

　마치 수족관에서 훈련받은 고래들이 관람객들에게 하는 행동처럼 보였다. 프랑코 선장이 이곳의 귀신고래들을 훈련이라도 시킨 걸까. 설마 그럴 리가. 정말 믿을 수 없는 일은 다음에 일어났다. 배로 바짝 다가오는 고래들을 본 사람들이 호기심에 물속으로 손을 뻗어 귀신고래

를 만지려고 하자, 도망가기는커녕 빨리 쓰다듬어 달라는 듯 가만히 멈춰 서 있는 게 아닌가. 그 모습을 보고 사람들이 즐거워하며 피부를 쓰다듬자, 지느러미를 살랑살랑 흔들기까지 한다.

다른 고래들에 비해 지느러미의 크기가 현저히 작아 그 모습이 더 귀엽게만 느껴졌다. 손으로 만지는 것뿐만 아니라 용감하게 키스를 하는 사람도 있었는데 싫어하기는커녕 오히려 키스하기 좋게 고개를 물 밖으로 쑥 내밀어주기도 했다.

야생의 고래를 사람이 이렇게 만져도 되는 걸까. 낯선 모습에 잠시 혼란스러웠지만 지켜보다 보니 우리가 보고 있는 것이 고래인지, 강아지인지 헷갈릴 만큼 이곳의 귀신고래는 사람의 손길을 즐기고 있었다. 자연을 훼손하는 것이 아니라 교감을 나누는 모습이라는 느낌이 들었다고 할까.

사실, 직접 만져보면 어떤 느낌일까 무척 궁금했지만 자연 다큐멘터리를 제작할 때의 제1원칙이 촬영 대상과 접촉하지 않는 것인 만큼 사람들이 귀신고래와 찐한 스킨십을 나누는 모습을 부럽게 바라보고만 있어야 했다. 하지만 궁금증을 참을 수 없어 귀신고래를 만져본 사람들에게 물어보니 피부가 마치 바위처럼 거칠고 딱딱하다고 한다. 흡사 길이가 10미터 이상인 거대한 화강암 바위가 따개비를 덕지덕지 붙인 채 바다에 떠 있는 느낌이랄까. 그런 대상이 사람의 손길을 즐기며 강아지가 꼬리를 흔들듯 지느러미를 흔들다니…이곳에 사는 귀신고래만큼은 귀신고래라는 이름이 어울리지 않는 듯 느껴졌다.

물론 모든 귀신고래가 이렇듯 사람과 친화적인 것은 아니다. 이 지역 귀신고래들이 사람을 따르는 건 오랜 기간 귀신고래들과 프랑코 선장이 나눠온 특별한 교감 때문이다. 10대 때부터 바다에 나가 귀신고래들을 만났던 만큼, 프랑코 선장은 귀신고래를 만나면 머리에 있는 따개비나 기생충들을 떼어주곤 했다. 그러다 보니 어느 순간부터 귀신고래들이 먼저 프랑코 선장을 찾아와 머리를 들이밀곤 했다는 것이다. 이쯤 되면 귀신고래가 아닌 반려고래라고 불려야 하지 않을까.

　　"귀신고래는 뭐랄까. 반려동물처럼 행동해요. 강아지가 주인이 돌아
　　오면 마중 나오는 것처럼 고래들도 배가 오면 가까이 다가와 자기들
　　끼리 놀기도 하고 사람들하고 놀기도 합니다. 참 경이로운 동물이죠."

-프랑코 선장(고래관광선 운영)-

　　사람과 교감하는 모습만큼 감동적인 것은 어미 고래와 새끼 고래의 모습이었다. 어미 고래 옆에 애착 인형처럼 딱 달라붙어 있던 작고 귀여운 새끼 고래.

어미 고래의 몸을 놀이터 삼아 잠시도 떨어지지 않고 온갖 애교를 선보이던 새끼 고래의 모습은 우리가 만난 새끼 고래 중에 단연 최고라 할 만큼 귀여움 그 자체였다.

이런 귀신고래들을 매일 볼 수 있는 프랑코 선장이 진심으로 부러웠다. 향고래나 혹등고래는 아주 가끔씩 우리 바다에도 출몰하는 것으로 알려졌지만 귀신고래는 1977년 이후로 자취를 감추었기 때문이다.

귀신고래는 서식 지역에 따라 '북서 태평양군'과 '북동 태평양군'으로 구분하는데 멕시코의 귀신고래는 북동 태평양군에 속하고, 과거 우리 바다에 나타났던 귀신고래는 북서 태평양군에 속한다. 모두 과거 포경 시대에 멸종위기에 처할 정도로 죽임을 당했던 고래들이다. 하지만 우리 바다에서 사라진 북서 태평양 귀신고래와 달리, 멕시코에서 만난 북동 태평양 귀신고래는 현재 3만 마리에 달할 정도로 개체 수가 회복되며 고래류 중에서 멸종위기종으로 지정되었다가 해제된 유일한 사례로 남게 되었다. 같은 귀신고래인데 북서 태평양군과 북동 태평양군의 운

명은 왜 달라졌던 걸까.

북서 태평양군 귀신고래는 1970년대까지 포경이 계속된 탓에 멸종했을 것으로 추정되고 있지만 북동 태평양군 귀신고래는 1946년, 국제포경위원회가 설립되면 포경이 중단되었고 그때부터 빠르게 개체 수가 회복되었다. 현재 시베리아 등지에서 북서 태평양군 귀신고래의 복원을 위한 노력이 계속되고 있지만 언제쯤 그 노력이 결실을 맺을지는 알수 없다. 부디 귀신고래라는 명칭이 우리에겐 보이지 않는 고래라는 의미로 남지 않기를, 빠른 시일내에 우리 바다에서도 다시 귀신고래를 볼수 있기를 바라본다.

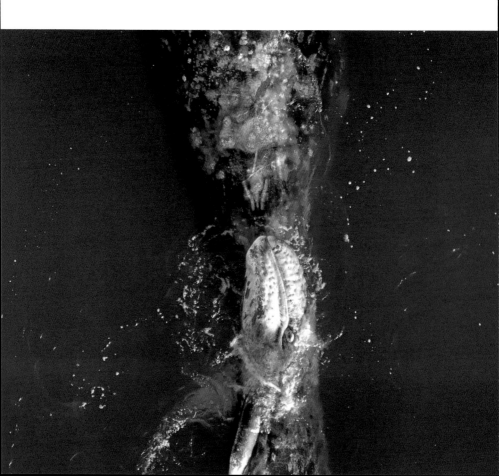

5. 고래는 알고 있다

향고래와 혹등고래, 귀신고래까지. 고래를 만나면 만날수록 점점 강해지는 생각은 그들이 인간과 너무나 닮았다는 사실이다. 그 생각을 더욱 강하게 만든 곳, 바로 영국 자연사 박물관의 비밀 수장고였다.

세계적으로 유명한 영국의 자연사 박물관. 하지만 그곳에 전시된 품목들은 그야말로 빙산의 일각에 불과하다. 런던 시내에는 자연사 박물관 소유의 수장고들이 있다. 그중에는 일반인들에게는 공개하지 않을 뿐만 아니라 그 위치가 어딘지도 철저히 비밀에 부쳐진 특별한 수장고가 있다. 바로 '완즈워드 수장고(Wandsworth Storage)'다.

고래류 소장품에 특화된 곳으로 전 세계적으로 발견된 92종의 고래 중 90%의 표본이 이곳에 있다. 개수로 따지면 약 8천만 종이다. 마치 고래들의 사후세계와도 같은 곳이라고 할까.

공룡 뼈라고 해도 믿을 정도로 거대한 뼈를 비롯해 지금은 멸종된

강돌고래의 뼈까지 발 닿는 곳곳에 보물처럼 정성스럽게 보관해둔 뼈들. 그중에서도 우리를 가장 놀라게 한 뼈는 서랍 속에 고이 간직한 강돌고래의 앞 지느러미뼈였다.

사람의 손뼈라고 해도 믿을 만큼 5개의 손가락이 또렷한 이 뼈가 고래의 뼈라니.

> "모든 고래 류, 그러니까 고래, 돌고래는 모두 이런 구조를 갖고 있습니다. 이 위에 부드러운 연조직으로 구성된 지느러미가 덮여 있어 뼈가 숨겨지는 겁니다."
> -리차드 사빈(영국 자연사 박물관 큐레이터)-

사실 고래는 아주 오래전 육지에 사는 동물이었다고 전해진다. 약 5천 5백만 년 전, 신생대 지구에 살았던 '파키케투스'라는 늑대와 닮은 동물이 바로 고래의 조상이라고 한다. 그런데 육지에서의 먹이 경쟁과 급변하는 환경을 피해 바다에서 먹이를 구하기 시작했고 점차 수중 환경에 익숙한 모습으로 변해갔다는 것이다. 그리고 약 5백 만 년 전부터는 지금처럼 물속에서만 살 수 있게 모습이 변화되었다는 것이다.

하지만 몸속엔 여전히 육지에 살던 과거의 흔적이 남아 있는데, 그중 하나가 바로 사람의 손과 똑 닮은 앞 지느러미뼈이다. 더욱 놀라운 건, 이곳에 있는 표본들 중 오래된 건 무려 17세기의 것도 있었다. 이들은 왜 수백 년 전부터 고래 뼈를 수집한 것일까.

> "바다는 인간에게 여전히 미지의 공간이에요. 우리는 해저보다 달의 표면에 대해서 아는 것이 더 많습니다. 대부분의 해양생물은 해양 환경 속에 숨겨져 있기 때문이죠. 하지만 이곳의 표본들을 통해 그들이 살았던 시기의 환경을 알 수 있습니다. 일종의 시간여행이라고 할까요."
> -리차드 사빈(영국 자연사 박물관 큐레이터)-

▲ 일러스트 조진주 작가

그러고는 우리에게 소중히 간직했던 표본 하나를 보여주었다. 고래의 귀 뼈에서 나온 귀지였다. 이걸로 어떻게 과거를 알 수 있다는 걸까?

"귀지의 한 층이 고래의 삶 1년에 상응하거든요. 그래서 고래의 귀지를 통해 나이를 계산하죠. 또한 이 귀지에는 고래의 건강, 스트레스 정도, 암컷일 경우 임신 여부 등, 그 고래가 살고 있는 환경에 대한 정보가 담겨 있습니다. 따라서 이 귀지들을 통해 과거의 바다 환경을 알 수 있습니다. 이곳의 소장품들을 통해 저희는 1870년까지 회고해 볼 수 있었습니다. 과거를 이해하면 미래를 예측할 수 있죠. 우리의 지구는 지금 위기 상황이고 바다 환경이 급변하고 있습니다. 이 소장품들을 통해 미래를 예측하는 것은 매우 중요한 일입니다."

-리차드 사빈(영국 자연사 박물관 큐레이터)-

그저 경이롭고 신비로운 생명체라고 생각했던 고래들이, 지구의 과거와 미래를 알려주는 일종의 센서 역할을 하고 있었다는 사실에 숙연해졌다. 더 많이 알아야 한다. 그래서 더 많이 알려야 한다. 다시금 투지가 불타오르기 시작했다.

6. 바다의 카나리아, 벨루가

야생의 벨루가를 찾아서

사실, 가장 궁금했던 고래는 따로 있었다. 향고래나 혹등고래, 귀신
고래는 좀처럼 볼 수 없었기 때문에 제대로 알지 못했지만, 맘만 먹으
면 볼 수 있음에도 불구하고 우리가 잘 알지 못하는 고래가 있다. 바로
흰고래 벨루가.

벨루가는 러시아 말로 '희다'라는 뜻이다. 돌고래처럼 귀여운 외모에 온몸이 하얀색이어서 신비함마저 안겨주는 벨루가. 수족관에서 볼 수 있다 보니 제주에 사는 남방큰돌고래 다음으로 우리에게 친숙한 고래지만 아이러니하게도 벨루가는 우리 바다에서는 전혀 발견되지 않는 고래다. 아니, 발견될 수가 없는 고래다. 주로 차가운 북극해에 살기 때문이다. 다시 말해, 수족관이 아닌 야생에서 사는 벨루가를 보려면 북극해에 가야 한다는 의미이다.

고래를 만나러 가는 모든 길이 험난하고 멀었지만, 그중에서 최고가 바로 벨루가였다. 캐나다, 알래스카, 그린란드, 노르웨이, 러시아 등에서만 볼 수 있기 때문이다. 선택의 여지가 별로 없었다. 그나마 접근이 쉬운 곳이 캐나다의 허드슨만이었다.

허드슨만은 북극해와 대서양이 만나는 세계에서 가장 큰 내해로 알려진 곳으로 수심이 얕고 염도가 낮아 다양한 물고기들이 살고 있다. 작은 물고기를 먹고 사는 벨루가들에겐 최적의 사냥지이다보니 '벨루가의 수도'라 불릴 만큼 매년 6월에서 9월 사이 6만 마리가 넘는 벨루가들이 찾아온다고 한다. 그 이유는 바로 북극해에 비해 상대적으로 따뜻한 이곳에서 새끼를 낳아 기르고 피부를 탈피하기 위해서다.

'탈피'란 보통 물고기들이 하는 행동으로 몸을 강바닥의 자갈이나 진흙에 비벼서 피부 껍질을 벗기는 것인데, 고래 중에서는 벨루가를 비롯한 일부 고래들만 이런 행동을 한다고 한다. 벨루가의 피부는 사람의 피부보다 100배나 두꺼운데 차가운 물 속에서는 피부가 자라지 않기 때문에 북극해에서는 탈피를 하지 않고 상대적으로 따뜻한 물인 허드슨만에 와서 허물을 벗는다고 한다.

우리가 가는 곳은 허드슨만의 아랫부분에 위치한 '처칠'. 모리셔스나 통가는 그래도 비행기를 몇 번 갈아타면 갈 수 있었지만, 이곳은 전용 경비행기를 타야만 갈 수 있을 만큼 오지중에 오지였다. 그래서일까. 대한민국 방송사중에서 이곳을 찾아온 촬영팀은 우리가 처음이라고 했다. 도착하고 나서야 왜 이곳에 촬영을 오지 않는지 그 이유를 절실히 느낄 수 있었다. 야생이라는 단어의 의미를 온전히 이해한 곳. 우리가 묵는 숙소를 제외하고는 그 어떤 문명의 흔적도 찾아볼 수 없었다.

'이런 야생에서 사는 벨루가들을 수족관에 가둬놨구나.'

하는 생각에 착잡한 마음도 잠시, 경비행기를 타고 오면서 창밖으로 내다본 바다 풍경은 절로 탄성을 자아냈다. 파란 바다에 마치 인형처럼 하얀 벨루가들이 셀 수도 없을 만큼 복작대고 있었던 것이다.

'드디어, 대한민국 최초로 야생의 벨루가들을 온전히 담아 시청자들에게 보여줄 수 있겠구나.'

하지만 그 기대는 배를 타고 나간 순간, 여지없이 무너지고 말았다.

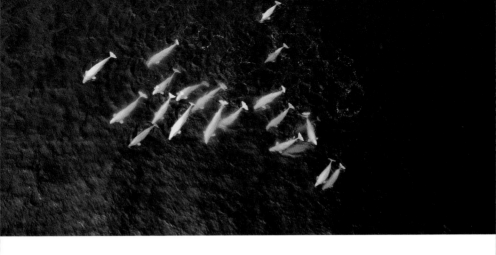

비행기에서 내려다볼 때 그토록 많았던 벨루가들은 도대체 다 어디로 간 걸까. 열심히 드론을 날려봤지만, 소리에 민감한 벨루가들은 드론이 조금만 다가가도 황급히 물속으로 숨어 버렸다. 물속 깊이 들어가 버리면 만날 방법이 없다. 이곳은 수중촬영이 금지된 곳이기 때문이다. 벨루가를 보호하기 위해서다.

물론 수중촬영이 불가하다는 사실을 이미 알고 있었던 만큼 국내에서 이에 대해 철저한 대비를 했었다. 사람 대신 카메라를 물속에 넣어 촬영하는 기술을 습득하기 위해 계곡을 돌아다니며 카메라를 거치하고 고래 인형을 물속에 넣어 촬영하는 연습을 하며 투지를 불태웠다.

향고래나 혹등고래, 귀신고래보다는 훨씬 작은 크기의 고래인 만큼 배를 타고 따라다니지 않아도 거치용 수중 카메라와 드론만으로도 그 앙증맞고 귀여운 모습을 담아낼 수 있으리라 생각했기 때문이다.

▲ 〈고래와 나〉 촬영팀이 국내 계곡에서 수중카메라 거치 실험을 하는 모습

그런데, 도착해보니 물살이 너무 거세 물속에 카메라를 거치할 수가 없었다. 궁리 끝에 간신히 몇 대의 카메라를 설치해봤지만, 수심이 얕은 곳은 물 색깔이 탁해서 1미터 앞도 안 보이는 상황이었다. 벨루가들이 바닥에 몸을 긁으면서 흙탕물이 생기는 탓인 듯했다. 따라서 벨루가들이 카메라 바로 앞까지 다가오지 않는 한 형체조차 보이지 않았다.

남은 방법은 배 위에서 배로 다가오는 벨루가를 촬영하거나, 드론을 최대한 수면으로 가깝게 움직여 촬영하는 방법밖에 없었다. 그런데 그조차 불가능했다. 배 근처로는 다가올 생각을 안 하고, 드론만 보면 숨어 버리는 예민하고 겁많은 벨루가들. 미처 예상치 못한 난관이었다. 그렇다고 다시 돌아갈 수도 없는 노릇이었다. 경비행기까지 전세를 내 찾아왔는데 어떻게든 벨루가의 모습을 담아가야 한다는 생각에 하루 12시간을 배 위에서 버티며 벨루가가 다가오기를 기다렸다.

소리에 민감하고 호기심이 많다는 벨루가의 특성을 고려해 배 위에서 휘파람도 불어보고, 노래도 불러보고, 애절하게 호소도 해봤지만, 며칠을 노력해도 벨루가들은 들은 척도 안 했다.

설상가상 다급한 마음에 계속 날렸던 드론마저 잃어버리는 사태가 발생했다. 워낙에 오지다 보니 회사에 연락해서 새 드론을 공수받는데도 1주일 이상이 걸렸다. 마냥 손을 놓고 있을 수만은 없어 드론을 찾아 다니느라 이틀을 아무것도 하지 못한 채 허비했다. 가이드의 도움으로 깊은 숲속에 처박혀 있던 드론을 간신히 찾긴 했지만, 그다음부터는 계속 비가 내리기 시작했다. 배를 타고 나갈 수도, 드론을 띄울 수도 없는 것이다.

자연 다큐멘터리는 자연이 허락하는 한에서만 촬영이 가능하다. 향고래, 혹등고래를 촬영하며 경험했던 기적이 드디어 유효기간이 다했

구나, 벨루가한테는 적용되지 않는구나 하는 생각에 촬영팀의 마음속에도 비가 내렸다.

허드슨만을 떠나기 3일 전에야 간신히 그친 비.

이제 더 이상의 기회가 없을지도 모른다. 다시 비장한 각오로 바다로 나간 촬영팀. 더 이상 벨루가가 다가오기만을 기다릴 수는 없었다. 시간이 갈수록 절망감에 얼굴이 까매지는 제작진을 보다 못한 가이드가 신박한 제안을 했다. 패들 보트를 타고 나가보면 어떻겠냐는 것이었다. 벨루가들이 배 근처로 다가오지 않는 건 두려워서 그런 걸 수도 있으니 작은 패들 보트를 타고 배에서 좀 떨어진 곳으로 가면 벨루가들이 호기심 때문에 다가올 수도 있다는 것이었다.

수중촬영이 불가한 지역이었기에 김동식 수중 촬영감독은 합류하지 않는 여정이었다. 동행한 촬영감독들은 육상과 드론 촬영 전문이었던 만큼, 스킨스쿠버 자격증이 있는 제작진은 이큰별 피디가 유일했다. 워낙 절박했던 상황이었기에 고민할 겨를이 없었다. 잠수복을 입고 촬영용 고프로 카메라 하나만을 손에 든 채 패들 보트에 몸을 실은 이큰별 PD.

과연, 벨루가들이 패들 보트에는 마음을 열까. 떨리는 마음으로 바다에 나선 순간, 실로 믿기지 않는 일이 일어났다.

패들 보트가 배에서 멀어지자마자 한 무리의 벨루가들이 패들 보트 주변으로 몰려들기 시작한 것이다. 패들 보트가 꼭 새끼 벨루가만 한 크기다 보니 벨루가들의 호기심을 자극하기에 충분했다. 그렇게 애타게 불러도 외면하던 벨루가들이 패들 보트를 따라 줄지어 오는 걸 지켜보는 이큰별 PD의 마음속에서는 파도보다도 더 큰 감동의 물결이 일고 있었다.

"정말 울컥하더라고요. 제 인생에 영원히 특별하게 기억될 10분이었어요."

-이큰별 PD-

하지만 마냥 감동을 즐기고 있을 수만은 없었다. 이큰별 PD는 자신의 인생에 영원히 특별하게 기억될 그 순간을 오롯이 시청자들에게 전하기 위해 황급히 고프로를 물속으로 들이밀었다. 천신만고의 노력 끝에 담아낸 벨루가들의 모습은, 예상했던 것보다 훨씬 귀엽고 사랑스러웠다.

카메라를 보며 신기했는지 다가와서 건드리기도 하고, 그 앞에서 이리저리 고개를 돌리는 벨루가들. 고래 중에 유일하게 고개를 움직일 수 있는 벨루가의 특성을 한눈에 볼 수 있었다.

가장 신기했던 건 유독 좋아하며 따라오던 작은 회색 고래였다. 흰 고래들 사이에서 유난히 돋보였던 회색. 처음엔 다른 고래인가 싶었는데, 자세히 보니 몸집이 작은 새끼 벨루가였다. 벨루가는 태어날 땐, 회색이었다가 성체가 되면서 흰색으로 변하기 때문이다.

벨루가 역시 다른 고래들과 마찬가지로 모성이 지극해 새끼를 절대 품에서 놓지 않는다. 확연히 다른 색 때문에 회색의 새끼 고래가 흰 어미 고래의 등에 찰싹 달라붙어 있는 모습은 멀리서도 눈에 띄었다. 마치 어부바를 한 듯 새끼 고래를 등에 업고 헤엄치는 어미 고래의 모습에 절로 미소가 지어졌다.

수다쟁이 벨루가

패들 보트를 타고 나가기 전까지 가까이서 벨루가를 볼 수는 없었지만, 벨루가들이 이 바다에 엄청나게 많이 있다는 사실은 직감할 수 있었다. 소리 때문이었다. 눈에 보이진 않지만, 배를 타고 있던 12시간 넘게 끊임없이 바다에 울려 퍼졌던 벨루가의 울음소리. '딸깍'거리는 향고래의 코다나 높낮이와 운율이 있는 혹등고래의 노래와는 전혀 다른 오묘한 소리였다. 흡사 새 울음소리 같다고 할까.

"벨루가의 별명은 '바다의 카나리아'입니다. 벨루가는 입술을 모을 수 있는 유일한 고래 종이예요. 우리 인간처럼요. 벨루가의 소리는 마치 열대 숲이 깨어나는 소리 같습니다. 열대 숲에서 모든 새들이 지저귀고 노래하고 휘파람을 불어대는 것 같은 그런 소리죠."

-마이클 캐네츠(처칠 야생동물보호구역 가이드)-

좀 더 자세히 들어보고 싶었다. 배로 가까이 다가오지는 않아도, 그 소리만큼은 멀리까지 들리기 때문에 충분히 녹음할 수 있었다. 청음기를 내리자마자 믿을 수 없을 정도로 요란하면서도 신비한 소리가 들려오기 시작했다. 아마도 저 물속에 지금 수백, 아니 수천 마리의 벨루가들이 함께 모여 머리를 맞대고 수다를 떠나보다 하는 생각이 들 만큼 각양각색의 활기차면서도 높은 톤의 소리들이 울려 퍼지고 있었다.

> "벨루가는 보통 8~15마리로 구성된 가족 형태로 생활합니다. 하지만 허드슨만으로 이동해 올 때는 수천 마리가 함께 무리 지어 오죠. 이곳 처칠의 앞 바다에 오는 벨루가는 6천 마리 정도 됩니다."
>
> –마이클 캐네츠(처칠 야생동물보호구역 가이드)–

실제로 우리가 본 벨루가들은 절대 혼자 다니는 법이 없었다. 고래 중에 가장 사교적인 성격을 가지고 있다보니 서로 소통을 위해 잠시도 쉬지 않고 수다를 떨고 있었다.

마치 사람들이 여름 휴가철에 휴양지를 찾아오듯, 벨루가 역시 차가운 북극해의 얼음 밑에서 겨울을 보내고 여름이 되면 따뜻한 허드슨만의 바다를 찾아 행복한 휴가를 즐기는 듯 보였다. 하지만 그 휴가가 어쩌면 생의 마지막이 될 만큼 위험한 여행이 될 수도 있다는 걸 알게 된 건, 이곳에 우리만큼이나 벨루가를 쫓아다니는 또 다른 추적자를 만나게 되면서였다.

벨루가와 북극곰의 비극

이곳에서 북극곰을 처음 본 건, 숙소에 짐을 풀고 헌팅을 위해 주변을 돌아볼 때였다. 드론을 날리던 촬영감독이 탄성을 지르기 시작했다.

"저, 저기 저거!! 하얀 거! 저거 곰 아냐??"

해안가 검붉은 해초밭에 너무나 하얗게 보이는 물체가 웅크리고 있었다. 북극곰이었다. 한 마리가 아니었다. 해안가는 물론, 숙소에서 가까운 풀밭에도 북극곰들이 어슬렁거리고 있었다. 북극과 맞닿아 있는 곳이니 북극곰이 있다고 해서 이상할 것도 없었지만 우리가 그토록 놀랐던 건, 그 모습이 우리가 흔히 알던 북극곰이 아니었기 때문이다.

우리가 처칠에 도착한 건 7월 7일. 한 여름이었지만 툰드라 지역인 만큼 기온이 높지 않을 거란 생각에 겨울 외투를 챙겨갔었다. 그런데 막상 도착해보니 초록 풀밭에 꽃까지 피어 있는 게 아닌가. 기후 온난화의 현장을 보고 있다는 생각이 들긴 했지만, 눈앞에 펼쳐진 풍경이 너무 아름다워 심각성을 느끼지 못하고 있던 참이었다. 그런데, 그 풀밭과 꽃 사이에 등장한 북극곰을 보자 뒤통수를 한 대 얻어맞은 느낌이 들기 시작했다.

얼음 위에 있어야 할 북극곰이...풀과, 꽃과 햇살 속에 있었다. 야생의 벨루가도 본 적이 없었지만, 그런 북극곰 역시 처음 보는 것이었다. 마침 벨루가를 촬영하는 것도 여의찮았던 상황이라 자연스레 우리의 관심은 북극곰에게 쏠리기 시작했다. 그러고는 또다시 낯선 모습을 마주하게 된 것이다.

　꽃밭을 어슬렁거리던 북극곰이 갑자기 해안가로 걸어가더니 바닷속으로 성큼성큼 걸어들어가는 게 아닌가. 물고기를 잡아먹으려는 건가 생각했지만 곧이어 능숙하게 헤엄을 쳐서 바다 한가운데로 나아가는 모습이 포착됐다. 목적지는 바다 한가운데에 솟아있던 큰 바위. 바위로 기어 올라가 젖은 몸을 툭툭 털더니 털퍼덕 주저앉아 마치 정찰이라도 하듯 두리번거리며 바다를 살피기 시작했다.

　도대체 뭘 하려는 걸까. 궁금한 마음에 잠시도 눈을 떼지 않고 드론을 지켜보다가 우리는 또다시 한 번도 본 적 없는 모습을 마주했다. 바다를 살펴보다가 뭔가를 발견한 북극곰이 벌떡 일어나 바위를 다이빙대 삼아 바닷속으로 몸을 날리는 게 아닌가. 그러더니 물속에서 뭔가를 쫓는 듯 다급하게 헤엄을 치다가 다시 바위로 올라오는 것이었다.

　'지금 뭐 하는 거지?'

당황한 촬영팀의 마음을 아는지 모르는지, 바위 위에 앉아 젖은 몸을 털며 잠시 휴식을 취하던 북극곰은 또다시 바다로 뛰어드는 행동을 반복했다.

'혹시, 다이빙 연습을 하는 건가?'

하는 말도 안 되는 생각까지 하게 만든 북극곰의 낯선 행동. 그런데, 그런 행동을 하는 북극곰이 한 마리가 아니었다. 조금 떨어진 곳에 또 다른 바위가 있었는데, 그곳에도 북극곰 한 마리가 자리를 잡고 앉아 똑같은 행동을 하고 있었다.

밀물 시간이 되어 바위가 물속에 잠기기 직전이 돼서야 바위에서 내려와 다시 헤엄을 쳐 해안가로 돌아온 북극곰. 이들이 무엇을 하고 있는지를 알게 된 건, 이곳 처칠에서 40년간 야생동물들을 관찰해왔다는 가이드의 설명을 듣고 나서였다.

"사냥을 하고 있는 겁니다. 바위 위에서 살펴보다가 벨루가들이 다가오면 뛰어들어 잡는 거죠. 저희도 그걸 알게 되기까지는 시간이 좀 걸렸습니다."

-켄트 플래트(처칠 야생동물보호구역 가이드)-

'북극곰이 물속에 뛰어들어 벨루가를 사냥한다고?'

물론, 북극에서는 북극곰이 벨루가를 잡아먹는 모습이 간혹 목격되곤 한다. 거대한 해빙(海氷) 위에서 어슬렁거리던 북극곰이 숨을 쉬기 위해 얼음 사이로 고개를 내민 벨루가의 머리를 앞발로 강타한 뒤 물 밖으로 끌어내 잡아먹는다. 하지만 어디까지나 해빙이 있는 북극해에서 벌어지는 일이다. 새끼를 출산하기 위해 천적인 범고래와 북극곰이 도사리고 있는 해빙이 따뜻한 바다를 찾아온 벨루가들이 갑자기 물속에서 북극곰에게 난데없는 공격을 받을 거라고 상상이나 했을까.

사실 허드슨만에 사는 북극곰들의 주요 먹이는 물개나 물범으로 알려져 있다. 우리가 익히 아는 것처럼 해빙(海氷)위에서 사냥을 하는 것이다. 그런데 해빙이 녹은 여름에 바다를 헤엄쳐 벨루가를 사냥하는 북극곰의 모습이라니...어디에서도 본 적 없는 광경이었다. 도대체 언제부터 이런 일이 벌어진 걸까.

> "2016년에 처음으로 북극곰이 벨루가를 사냥하고 죽이는 모습을 보게
> 됐죠. 너무 잔인한 모습에 심정이 복잡했습니다."
>
> -켄트 플래트(처칠 야생동물보호구역 가이드)-

그러니까 이곳에서 40년 넘게 야생동물들을 지켜봐 온 그도 2016년 전에는 벨루가를 사냥하는 북극곰은 본 적이 없다는 것이다. 다시 말해 채 10년이 되지 않은 낯선 사냥법인 셈이다. 그래서일까. 촬영 기간 내내 벨루가만큼이나 북극곰의 움직임도 계속 주시했지만, 벨루가 사냥에 성공한 북극곰을 볼 수는 없었다. 성공 확률이 매우 낮은 사냥인 것이다. 벨루가가 고래 중엔 헤엄치는 속도가 느리기로 소문나 있고 북극곰의 헤엄 실력은 이미 알려졌지만 그래도 바다에 사는 고래를 육지에 사는 북극곰이 따라잡을 수는 없는 노릇이다. 야생동물의 사냥법은 각각의 종이 수천수만 년 동안 부모 세대로부터 배워온 고유한 학습의 결과다. 그런데 왜 갑자기 허드슨만의 북극곰은 부모 세대로부터 배운 적도 없고, 성공 확률도 낮은 사냥을 시작한 걸까.

> "허드슨만의 북극곰은 여름 동안 먹이가 아주 적은 시기를 겪게 됩니
> 다. 이곳 북극곰의 주 먹이는 물개들인데 해빙이 있는 시기에는 물개
> 들이 해빙 위로 올라올 때를 노려 사냥을 하지만, 해빙이 없어지면 물

개들이 물속에만 있기 때문에 북극곰이 사냥을 할 수가 없죠. 그래서 여름 동안은 사냥을 하지 못해 굶게 됩니다. 그 굶주림을 견디지 못해 벨루가를 사냥하는 거죠" -켄트 플래트(처칠 야생동물보호구역 가이드)-

또 다른 의문이 생겼다. 그런 현상이 한두 해 반복된 일이 아닐 텐데 그동안은 굶으면서 버티던 북극곰이 왜 2016년부터 갑자기 벨루가를 사냥하기 시작한 걸까. 의문을 풀기 위해 심층 자료조사를 한 결과, 뜻밖의 사실을 알게 되었다. 최근 10년 사이 허드슨만의 여름 기온이 폭발적으로 상승한 것이다. 그로 인해 과거엔 100일 남짓하던 여름이 200일 가까이 늘어났고, 그에 따라 해빙이 녹는 시기가 길어지면서 북극곰이 사냥을 할 수 없어 굶주리는 시간도 길어진 것이다. 하루만 굶어도 체중이 1킬로그램씩 줄어든다는 북극곰. 굶어 죽지 않으려는 절박한 생존 본능이 역사상 유례없는 벨루가 사냥을 시작하게 만든 것이다. 기후변화가 수천수만 년 동안 유지되어온 생태계의 질서를 무너뜨리고 있었다.

한 번 바다에 뛰어들 때마다 엄청난 체력을 소모하다 보니 그렇게 몇 번을 허탕 치다 보면 바위 위에 널브러져 일어나지 못할 정도로 기진맥진해 하곤 했다.

처음엔 귀여운 벨루가를 잡아먹는다는 말에 북극곰이 잔인하게 느껴졌지만 기절할 듯 바위에 쓰러진 북극곰의 모습을 보면서 어느새 마음이 짠해지고 있었다. 잡으려는 북극곰도 잡히지 않으려는 벨루가도...모두 안쓰럽게 느껴졌다. 결국 굶주림을 견디다 못한 북극곰들이 우리가 묵고 있는 숙소 주변을 어슬렁거리며 먹이를 구걸하다가 북극곰 퇴치용으로 설치한 전기 철조망에 걸려 도망을 가곤 했다. 그렇다고 도와줄 수도 없는 노릇이었다. 허기를 견디다 못한 북극곰이 바닥에 버려진 쓰레기를 주워 먹고 풀을 뜯어 먹는 모습을 안쓰럽게 바라볼 수밖에 없었다.

벨루가를 촬영하러 왔다가 지구 변화의 현장을 목격하게 될 줄이야. 허드슨만에 도착했을 때 왜, 자연이 우리에게 벨루가 촬영을 쉽게 허락하지 않았는지를 알 것 같았다.

'벨루가를 보기 이전에 북극곰을 눈에 담아라, 그걸 통해 이 지구가 어떻게 변화하고 있는지를 깨닫고 그걸 제대로 알려라.'

하는 계시처럼 느껴졌다. 이대로라면 북극곰도, 벨루가도 잔인한 최후를 맞게 불 보듯 뻔했다. 마음이 무거워지기 시작했다. 살아 있는 고래를 만나고 싶다는 꿈은 이뤘으니, 이제 그 고래들이 전하는 메시지를 놓치지 말고 전해야 한다. 그동안의 여정을 다시 되짚어보기 시작했다. 경이롭고 신비한 모습에 취해 놓치고 있었던 것은 무엇이었을까. 사실, 놓친 게 아니라 설마 아니겠지 하는 마음으로 외면하고 싶었던 건 아니었을까.

자연은,
우리에게 처음부터 분명히 알려주었다.
고래를 통해 우리가 무엇을 봐야 하는지를.
우리가 처음 만났던 고래가 왜 죽은 고래였었는지를.
이제 새로운 이야기를 시작해야 할 차례다.
지금부터 마주할 광경들은 이제까지와는
또 다른 의미로 가슴이 떨리는 장면들 일 것이다.
설레어서가 아니라 두려워서.

취재 후기

동화인 줄 알았는데 악몽이었습니다 – 이큰별 PD

다큐멘터리 제작자에게 극지는 꿈의 장소다.

인간 활동과 가장 멀리 떨어진 야생의 최전선, 장엄한 대자연이 살아 숨 쉬는 곳. 그만큼 쉽게 다다르기 힘든 신비의 땅. 무엇보다 극지 촬영에 있어서 가장 큰 문제점은, 그렇다. 바로 '돈'이다. 극지 촬영은 다른 어떤 지역보다 제작비가 많이 필요한데, 그곳에선 먹고 마시고 이동하는 모든 것에 상상을 초월하는 비용이 소요된다.

2023년 7월 초, 우리는 북극과 가까운 캐나다 허드슨만으로 향했다. 보름 동안 3명의 제작진이 촬영하는 데 필요한 비용은 약 2억 원, 총제작비가 12억 원인 〈고래와 나〉 다큐멘터리 프로젝트에서 무려 6분의 1의 예산이 단 2주 만에 부서지는 빙하처럼 흔적도 없이 사라지는 상황이었다. 그럼에도 불구하고 허드슨만 촬영을 포기할 수 없었던 이유는 단 하나. 이곳은 매년 여름마다 수천 마리 벨루가들이 출산과 번식을 위해 모여드는 세상에서 유일한 장소이기 때문이다.

존재 자체로 매력 넘치는 벨루가가 한 마리도 아니고 열 마리도 아니고 수천 마리가 모여든다니! 고래 다큐멘터리를 촬영하는 피디로서 결코 건너뛸 수 없는 곳이었다. 수천 마리 벨루가를 한 화면에 포착하고 출산 장면까지 촬영하겠다는 원대한 꿈을 품은 채, 수천만 원을 내고 대여한 경비행기에 몸을 싣고 날아올랐을 때, 파란 바다를 배경으로 하얀 고래들이 자유롭게 헤엄치고 있었다. 마법과도 같은 우아한 몸짓이었다. 좁은 수족관에 갇혀 친구도 없이 홀로 지내는 모습이 아닌, 야생 상태로 자유롭게 살아가며 서로 소통하는 수천 마리 벨루가의 모습은 그야말로 장관이었다.

배를 타고 바다로 나가자 더욱 신기한 장면의 연속이었다. 물 밖으로 머리를 내밀고 주변을 탐색하듯 우리를 정면으로 바라보는 벨루가와 눈 맞춤한 순간도 있었고, 회색빛을 띠고 있는 갓 태어난 새끼 벨루가들도 쉴 새 없이 관찰되었다.

'바다의 카나리아'라고 불리는 애칭에 맞는 벨루가 특유의 높고 재잘대는 소리가 온 바다에 울려 퍼지고 있었다. 굳이 물속에 청음기를 넣지 않아도 물 밖에서까지 벨루가의 수다스러운 소리가 들릴 정도였다. 그런데 문제는 그 다음부터였다.

우리가 벨루가를 촬영하는 이곳은 야생동물보호구역이기 때문에, 약 3년 전부터 사람이 직접 물속에 들어가서 촬영하는 수중촬영이 전면 금지되었다고 한다. 고래 다큐인데 수중촬영을 할 수 없다니, 낭패였다. 문제는 계속되었다. 여름이 되자 허드슨만을 둘러싼 거대한 빙하가 녹으면서 바닷물은 하루하루 다르게 흐려지고 있었다. 설상가상으로 똑똑하고 예민한 벨루가들은 우리가 촬영하고 있는 배 주변으로는 얼씬도 하지 않고 있었다. 물속에 직접 들어갈 수 없으니 헤엄쳐 벨루가를 쫓아가며 촬영할 수도 없고, 긴 장대 끝에 작은 카메라를 달아 수없이 촬영을 시도해 봤지만, 벨루가들이 배 주변으론 도무지 다가오질 않으니 이 또한 실패였다.

무려 2억 원을 들여 이곳까지 왔는데, 출산 장면은 고사하고 물속에서 헤엄치는 벨루가의 모습조차 촬영할 수 없다니! 하루하루 피가 마르는 기분이었다. 그렇게 일주일이 지났다. 하얀 벨루가의 피부만큼이나 절망감으로 내 얼굴이 하얗게 질려가던 그때, 우리를 안내하던 가이드 켄트가 한 가지 제안을 했다.

"Mr. Bigstar! 숙소에 1인용 패들 보트가 하나 있는데, 혹시 패들 보트에 타서 촬영하면 벨루가들이 다가올 수도 있지 않을까?"

그래! 밑져야 본전 아니겠는가. 여기까지 와서 수중 샷을 한 컷도 촬영하지 못하는 것은 있을 수 없는 일이니, 뭐라도 시도해 봐야 했다. 사람의 몸이 물속에 직접 들어가지만 않으면 되니, 작은 패들 보트 위에서 촬영하는 것은 문제 될 일이 아니었다. 다만 딜레마는, 그 1인용 패들 보트에 누가 타냐는 것이다. 촬영감독이 크고 무거운 방송용 카메라를 들고 패들 보트에 탈 수는 없는 일이었고, 드론감독이 패들 보트 위에서 드론을 띄우고 내릴 수도 없는 일이었다. 그러니 남은 사람은 담당 피디인, 바로 나 하나였다.

바다 수온은 7℃. 슈트를 입고 패들 보트에 몸을 실었지만, 혹시나 패들 보트가 뒤집히면 이 망망대해에서 난 어떻게 되는 걸까? 그렇게 팽팽해진 긴장감도 잠시. 벨루가들이 하나둘 패들 보트 주변으로 몰려들기 시작하는 것이다. 성체가 5m 정도 자라는 벨루가의 덩치에 비해 훨씬 작은 크기의 패들 보트였기 때문일까? 아니면 벨루가들도 처음 보는 물건이라 신기했기 때문일까? 패들 보트 위에 올라탄 내 주변으로 수십 마리 벨루가들이 손을 뻗으면 닿을 정도로 가까이 다가왔다. 긴 장대에 매단 카메라를 얼린 물속에 넣었다. 그렇게 야생 벨루가의 수중 모습을 카메라에 생생히 담을 수 있었다. 약 10분 정도의 시간이 지나자 벨루가들은 호기심을 잃었는지 내 주변에서 순식간에 사라져버렸다. 언젠가 내가 세상을 떠나는 날이 오면, 나의 인생에서 가장 소중했던 장면으로 손꼽을 만한 황홀한 10분이었다.

벨루가 수중촬영에 성공하자 비로소 주변 풍경이 눈에 들어오기 시작했다. 우리의 시선을 사로잡은 것은 바다 한가운데 삐져나온 바위에 앉은 북극곰이었다. 현지 로케이션 접촉 과정에서 허드슨만 지역의 북극곰이 때론 벨루가를 사냥한다는 정보를 듣긴 했지만, 우리는 고래 다큐멘터리를 촬영하는 사람들이기도 하거니와 북극곰이 벨루가를 사냥하는 장면을 실제로 목격하게 될지 예상하지 못했기 때문에 처음부터 북극곰 촬영에 집중한 건 아니었다. 그런데 북극곰이 바위 위에서 우두커니 벨루가를 기다리는 모습 자체가 너무도 슬픈 피사체였다. 쫄쫄 굶고 있는 북극곰이 벨루가 사냥에 성공하는 것을 응원할 수도 없고, 북극곰이 저러다 굶어 죽는 건 아닌가 하는 걱정도 함께 들었다. 바다 한가운데서 빼꼼 고개를 내민 바위가 지구고 그 위에 위태롭게 서 있는 북극곰이 마치 인간처럼 보이기도 했다. 지구 온난화와 기후 위기로 손쓸 도리 없이 최후를 맞이하는 인류.

북극곰과 벨루가의 비극적인 먹이사슬을 촬영한 허드슨만은 영구동토층(Permafrost)이다. 2년 이상 영하의 온도를 유지하는 땅인데, 영구동토층엔 고대의 메탄가스가 땅속 깊이 묻혀있다. 분량 때문에 방송에선 최종 편집되었지만, 땅을 20cm만 파내려 가도 영구동토층 전체가 모두 녹아내리고 있었다. 쉴 새 없이 녹아내리는 땅과 함께 박제되어 있던 메탄가스가 대기 중으로 방출되고 그로 인해 지구 온난화는 더욱 심각해진다. 벨루가를 촬영하기 위해 도착한 이곳에서, 한계가 임박한 지구의 민낯을 보게 되었다. 40년 넘게 보호 구역 가이드로 활동한 켄트의 말이 지금도 귓가에 맴돈다.

"Mr. Bigstar. 영구동토층이 녹고 있어, 그건 여기에 살고 있는 우리의 문제만이 아냐. 이대로라면 지구 반대편 한국에 사는 너에게도 그리고 벨루가와 북극곰에게도 분명 끔찍한 악몽이 될 거야."

3부

거대한 SOS

1. 새끼 보리고래의 죽음

20년 만에 죽은 채 발견된 보리고래

이제 미뤄두었던 그 이야기를 할 차례다.

경이롭고 신비한 고래를 만나는 꿈을 꾸고 있던 우리에게 악몽을 안겨주었던 그 고래. 전북 부안의 하섬에서 죽은 채 발견되었던 보리고래의 슬프고도 무서운 이야기 말이다.

▲ 해안가에 집단 좌초된 고래들 / 출처: SBS 보도자료

고래가 해안가로 밀려와 바다로 돌아가지 못하는 상황을 '좌초(Stranding)'라고 한다. 죽어서 떠밀려온 경우도 있지만 산 채로 좌초되는 경우도 있다. 하지만 대부분 곧 죽는다. 고래는 포유류이기 때문에 물 밖에서도 숨을 쉴 수는 있지만 워낙에 몸체가 거대하다 보니 무거운 체중이 호흡기와 장기를 눌러 숨쉬기가 어렵기 때문이다. 또한 고래는 차가운 바다에서 견디기 위해 몸속에서 많은 열을 내는데, 육지에서는 그 열을 식히지 못해 죽기도 한다.

고래 좌초는 전 세계에서 자주 일어나는 현상이다. 전북 부안의 보리고래처럼 한 마리가 발견되는 경우도 있지만 수백 마리의 고래들이 떼로 좌초되기도 한다.

뉴질랜드의 채텀 제도, 페어웰스핏, 호주의 태즈매니아 해변은 해마다 주기적으로 수백 마리의 파일럿 고래(Pilot Whale –거두고래라고도 불린다)가 수 킬로미터의 해안에 일렬로 늘어서 좌초되기도 한다.

수백 마리의 고래가 좌초될 경우, 빨리 발견되기 때문에 발견 당시에 살아 있는 경우가 많다. 따라서 구조대의 노력을 통해 일부는 다시 바다로 돌려보내기도 하지만 워낙에 거대한 몸체들이다 보니 바다로 돌려보내는 데는 한계가 있어 상당수가 좌초된 채 죽어간다.

이미 죽어서 떠밀려온 경우는 어쩔 수 없다지만 살아 있는 고래들이 왜 해변에 좌초되는 것일까. 고래들이 방향감각을 상실한 걸까? 이유를 밝히기 위한 노력이 계속되면서 일부 고래의 경우 좌초된 원인이 밝혀지기도 하지만 상당수는 추정만 할 뿐 정확한 원인을 알 수 없다.

그렇다면 20년 만에 우리 바다에서 온몸에 상처가 가득한 채 죽어서 발견된 보리고래의 좌초 원인은 무엇일까. 살아서 좌초된 후 사망한 것일까, 아니면 죽어서 떠밀려온 것일까.

"멀지 않은 곳에서 죽어서 좌초된 것 같습니다. 죽어서 바다에 오래 떠 있었으면 다른 생물들한테 뜯어먹힌 흔적들이 보일 텐데 눈 주변이 깨끗한 걸 보면 서해바다까지는 스스로 헤엄쳐 왔을 가능성이 굉장히 높습니다."

-이경리 박사(고래연구소)-

고래연구소 이경리 박사와 함께 살펴본 결과, 외관상 사망에 이르게 한 원인은 찾을 수 없었다. 섬뜩해 보였던 상처들 중 흰 반점 같은 것들은 '쿠키커터 샤크'[13]에 의한 상처였고, 긁힌 자국들은 고래들에게 흔히 발견되는 흔적들이라고 한다.

정확한 사인을 밝히기 위해선 부검이 필요했다. 하지만 이제까지 대한민국에서 제대로 된 고래 부검은 한 번도 실시된 적이 없었다. 그동안 우리 바다에서도 흔하지는 않지만, 종종 대형 고래의 좌초가 있었고[14] 원인을 밝히기 위해서는 부검을 해야 했지만 생각만큼 쉬운 일이 아니다. 그 거대한 사체를 운반하는 것도 어렵지만, 부검할 마땅한 장소도 없기 때문이다. 그러다 보니 그동안 좌초된 대형 고래들은 대부분 쓰레기장에 매립되는 비극적인 최후를 맞았다.

---

13 검목상어. 따뜻한 바다에 서식하고 평균 몸길이는 약 50cm, 쿠키 모양을 찍는 틀 같은 이빨로 해양생물의 살점을 찍어내듯 떼먹어 '쿠키커터 샤크'라 불린다.
14 2001~2023까지 우리 바다의 해변에서 죽은 채 발견된 대형 고래(향고래, 참고래, 혹등고래 등)는 15마리가 넘는다.

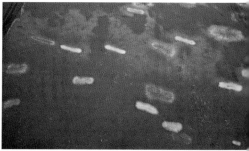

▲ 죽은 보리고래의 몸에 난 상처들(좌)과 쿠키커터 샤크에 의한 상처(우)

2020년 제주도에서 좌초된 참고래의 경우 해안가에서 부검을 실시했지만 상황이 너무 열악하고 부패가 심했던 탓에 사인을 밝히지 못한 채 끝나야 했다. 죽은 참고래에게도 연구자들에게도 너무 안타까웠던 상황이었다.

사실 고래가 사람도 아닌데, 굳이 사인을 밝히려는 부검을 해야 할까, 라는 생각을 할 수도 있다. 하지만 미국이나 영국, 일본 등 여러 나라에서는 고래가 좌초되면 전문가들이 출동해 부검을 실시한다. 미국의 경우엔 정부 조직인 해양대기청(NOAA)이 좌초된 고래의 부검을 지원하고 있다. 그 이유가 무엇일까.

"고래는 포유류이기 때문에 다른 어류와 달리 사람한테서 나타날 수 있는 독성영향과 똑같은 현상을 보여줍니다. 고래가 먹는 먹이원은 사람들이 흔히 즐겨 먹는 수산물이거든요. 그러면 고래한테서 나타날 수 있는 오염물질은 반드시 사람한테서 나타납니다. 그게 중요한 메시지거든요."

　　　　　　　　　　　　　　　-문효방 교수(한양대학교 해양 융합공학과)-

"이 개체가 가지고 있는 바다의 정보, 지금 우리 바다가 어떤지 그것을 알아내는 거죠."   —김선민 수의사, 박사 후 연구원(충북대학교 의과대학)–

　미국이나 영국, 일본 등에 비해 대형 고래가 좌초되는 일이 흔치는 않지만, 부검의 필요성이 부각되면서 지난 2022년 10월, 국립수산과학원 산하의 고래연구소에 해부조사실이 만들어졌다. 그리고 그곳을 이용하게 될 첫 대상이 바로 부안에서 발견된 새끼 보리고래가 된 것이다.

　부검할 장소는 확보됐다지만, 또 다른 문제가 있었다. 고래연구소는 울산광역시에 있는데 사체가 있는 곳은 전북 부안의 하섬이다보니 일단 사체를 섬에서 끌고 나와야 했다.

　하섬은 하루에 두 번 물이 갈라지면서 길이 열리는 곳이긴 하지만 거대한 사체를 실을 만한 크기의 차가 들어가긴 어려웠다. 결국 만조때 배를 이용해 물길로 운반하기로 했다.

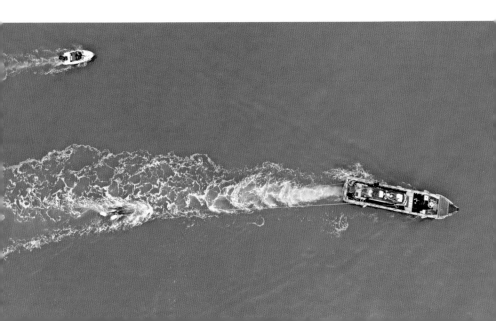

10미터 길이에 7톤이 넘을 것으로 추정되는 무게의 사체를 물에 띄우는 건 생각만큼 쉬운 일이 아니었다. 지역 어민들의 도움으로 사체 곳곳에 부표를 달아 밧줄로 배에 연결한 뒤 간신히 바다로 끌어냈지만, 사체의 무게 때문에 평소엔 배로 10~15분에 불과한 거리를 1시간 넘게 걸려 간신히 격포항에 도착할 수 있었다.

격포항에 도착한 후에도 문제는 계속되었다.

그 거대한 사체를 어떻게 바다에서 건져 올려 차에 실을 것인가. 대형 크레인이 있어야 가능한 일이었다. 그런데 마침, 격포항에 공사 중인 현장이 있어 대형 크레인이 있었다. 누군가 돕고 있다는 느낌이 들었다. 이번만큼은 반드시 고래가 죽은 원인을 밝히라는 자연의 의지가 느껴졌다고 할까. 대형 크레인의 도움으로 간신히 바다에서 건져 대기하고 있던 트레일러에 실은 후, 울산까지 내달렸다.

국내 최초, 과학적 고래 부검

전국에서 모여든 20명이 넘는 전문가들이 비장한 얼굴로 해부조사실에 집합했다. 그런데 뜻밖의 위기 상황이 생겼다. 해안가에서는 얌전했던 고래의 혀가 마치 풍선처럼 부풀어 있었다. 내부 장기가 부패했다는 의미라고 했다.

> "부패를 하게 되면 부패열이라는 것이 생기거든요. 메탄 가스도 발생하게 되고. 그런데 지금 고래 피부가 엄청 두껍잖아요. 그래서 가스가 밖으로 못 나와 부풀어 오른 겁니다. 이 상태에서 잘못 칼을 대면 가스만 나가는 게 아니라 내장이라든가 다른 조직들이 같이 밀려 나올 수가 있어요."
>
> —이경리 박사(고래연구소)—

실제로 해안에 좌초된 고래를 방치할 경우, 사체가 폭발하는 사례가 심심치 않게 있어왔다. 자칫 큰 사고가 생길 수 있는 상황. 천신만고 끝에 해부조사실까지 옮겨 왔는데, 폭발한다면 그동안의 노력은 물거품이 되는 것이다. 안전을 위해 최소 인력만 남고 해부조사실 밖으로 사람들을 내보낸 후, 이경리 박사가 작은 칼을 들고 조심스레 부풀어 오른 혀로 다가갔다. 그러고는 단호하게 고래의 혀에 칼을 들이밀었다. 모두가 긴장한 채 지켜보던 순간, 다행히 폭발 없이 가스가 새어 나오기 시작했다. 하지만 그 자리에 있던 모두가 외마디 비명을 지르기 시작했다. 폭발은 피했지만, 혀에서 새어 나온 부패 가스의 냄새는 폭발만큼이나 충격적으로 코를 강타했다. 뭐라 형용할 수 없는 죽음의 냄새였다.

폭발은 막았으니 이제 꼼꼼하게 사체를 측정할 차례.

먼저 나이를 추정하기 위해 외관부터 분석했다. 몸체 길이 939.8cm. 보리고래의 경우 성체는 최대 20미터까지 자란다고 한다. 따라서 10미터가 채 안 되는 이 고래는 태어난 지 얼마 되지 않은 새끼 고래일 가능성이 높았다. 정확한 나이를 추정하기 위해서는 고래의 귀지를 분석해야 하지만 오랜 시간을 요하는 작업이므로 먼저 대략의 나이를 추정하기 위해 전문가들이 혀를 살펴보기 시작했다. 그리고 발견한 독특한 모양의 조직. 마치 꽃잎처럼 구불구불한 형태의 조직이 혀 안에서 발견되었다.

> "이건 '프린지'라고 해서 엄마 젖을 먹는 어린 고래들한테만 있는 조직
> 입니다. 젖을 물 수 없는 고래의 구조상 혓바닥 주변에 확장되고 유연
> 한 부분이 추가가 돼서 엄마 젖을 감싸 받아먹을 수 있도록 발달한 조
> 직이거든요. 그만큼 이 고래가 어리다는 걸 보여주는 증거죠."
>
> -이경리 박사(고래연구소)-

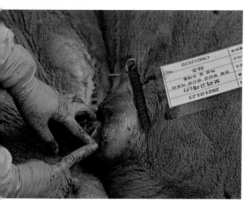

추정되는 나이는 한 살 전후. 보리고래의 평균 수명이 70년인 만큼 나이 들어 자연사했을 가능성은 사라졌다. 아직 젖조차 떼지 않은 새끼 고래였다는 사실에 모두가 숙연해졌다. 젖조차 떼지 않은 새끼 고래가 왜 홀로 섬에서 죽어간 것일까. 혹시 어미 고래와 떨어져 먹이를 먹지 못해 굶어 죽었거나 병에 걸려 죽은 건 아닐까. 알아보기 위해서는 이제 내부 장기를 들여다봐야 한다.

또다시 고래연구소 이경리 박사의 고군분투가 시작됐다. 내부 장기를 보려면 먼저 '블러버'라고 불리는 두꺼운 피부를 분리해야 한다. 고래 부검 전용 칼이 따로 없는 만큼 주방용 식칼 중에 가장 큰 사이즈로 두꺼운 피부층을 분리하기 시작했고, 그 작업만 한나절이 걸렸다. 피부층을 분리하고 내부 장기가 공개되자 연구자들의 탄성이 새 나왔다.

한 살 남짓의 새끼 고래지만 대동맥이 사람의 주먹보다 컸다. 위장은 비어 있었지만 대장에는 아직 분변이 많이 남아 있었다. 즉, 죽기 전까지 뭔가를 먹었다는 의미다. 굶어 죽었을 가능성은 배제되었다.

그런데, 분변 외에도 내장 속에 가득한 것이 있었다. 기생충이었다.
고래에게서 흔히 발견되는 고래회충과 조충, 흡충 등이라 특이할 건 없었지만 문제는 양이었다. 한 살 남짓한 어린 고래에게서 발견되기엔 지나치게 많은 양이었기 때문이다. 혹시 이 기생충이 사인인 걸까?

"기생충이 너무 많이 증식을 하게 되면 내장을 아예 막아버려서 장폐색으로 사망에 이를 수도 있긴 합니다. 이 보리고래의 경우 장폐색에 이를 정도는 아니지만 나이에 비해 기생충의 감염 정도가 심했다 라고 판단이 됩니다. 그건 곧 그만큼 면역력이 떨어져 있었다는 걸 의미하죠."

-김선민 수의사, 박사 후 연구원(충북대학교 의과대학)-

기생충이 직접적인 사인은 아니지만 죽기 전 새끼 보리고래의 면역력이 떨어져 있음을 알 수 있었다. 그 이유가 무엇일까.

고래와 그들

고래의 죽음을 분석하는 사람들

부안에서 죽은 고래가 발견되었다는 소식을 듣고 허겁지겁 달려갔을 때만해도 우리는 예상치 못했다. 전국 각지에서 그렇게 많은 전문가들이 발 빠르게 현장에 모일 줄은.

재난의 현장에 집합한 각계각층의 전문가들.
마치 헐리웃 영화의 한 장면을 보는 듯 마음이 설렜다. 대한민국에 고래를 연구하는 이들이 이렇게 많은 줄도 몰랐고, 바쁜 일을 제쳐두고 썩는 내가 진동하는 해부조사실에서 5일간 한마음으로 죽음의 이유를 밝히는 데 전력을 다하리라고는 예상치 못했다.

국립수산과학원 산하 고래연구소의 이경리 박사를 비롯해 부검 전반을 담

당한 이영란 수의사, 기생충 전문가인 김선민 수의사, 잔류성 유기 오염물질을 분석한 문효방 교수와 목소리 연구원, 고래 몸속에 쌓인 미세플라스틱을 분석한 박병용 박사, 위장 속 먹이를 분석한 김도균 연구원, AI 등 고병원성 조류독감의 감염 여부를 분석한 신용우, 이선민 연구사, 해양 동물 연구단체의 장수진 박사와 김미연 연구원 등 많은 전문가들이 부검 과정은 물론 우리의 취재에 협조하며 친절한 자문을 해주었다.

채취한 시료들을 분석한 결과가 사인을 밝히는 데 결정적인 단서가 되지는 않았기에 방송에 다 소개는 하지 못했지만, 새끼 보래고래의 사인을 분석하기 위해 진심으로 노력한 전문가들에게 다시 한번 감사드린다. 대한민국에도 이런 전문가들이 포진되어 있으며 그들의 열정만큼은 세계 그 어느 나라 못지 않다는 자부심을 느낄 수 있었다. 이분들의 노력이 계속되고 있는 만큼 가까운 시일 내에 제주뿐만이 아니라 과거처럼 동해는 물론 서해바다에도 대형 고래들이 돌아오지 않을까 하는 기대를 가져본다.

2. 고래 지옥, 플라스틱 바다

  부검 3일 차, 내부 장기를 탐색하던 연구자들이 무언가를 발견했다. 위와 대장의 연결지점에서 만져진 동그랗고 딱딱한 모양의 물체. 플라스틱 컵 뚜껑이었다. 그리고 그 옆에서 날카로운 조각의 또 다른 플라스틱 조각이 발견되었다.

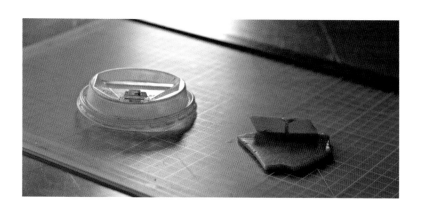

  현장에 있던 사람들 모두 한동안 할 말을 잃고 말았다.

해양수산부 발표에 따르면 한 해 우리 바다에서 수거되는 해양쓰레기만 12만 톤이 넘는다고 한다. 그중 상당수가 플라스틱 쓰레기라는 건 예상했지만 막상 새끼 고래의 배 속에서 플라스틱 쓰레기를 보게 될 줄이야.

보리고래는 수염고래인 만큼 플랑크톤이나 작은 물고기를 먹고 산다. 따라서 식도의 크기는 생각보다 훨씬 작다. 피노키오 동화에 나오는 고래처럼 사람을 삼킬 수 없는 사이즈다. 그런데 내장에서 발견된 플라스틱 컵 뚜껑의 지름은 9.2cm로 지름 10cm에 불과한 새끼 고래의 식도를 간신히 통과할 만큼 큰 사이즈였다. 어떻게 하다가 이 플라스틱 쓰레기가 새끼 고래의 배 속에 들어간 걸까.

"이런 수염고래는 이빨고래처럼 목표한 종만 타깃해서 먹지 않거든요. 플랑크톤이나 작은 물고기를 먹기 위해 바닷물을 한 번에 들이마시는데 그 과정에서 바닷물에 쓰레기가 있으면 같이 딸려 들어가게 되는 거죠."

-이영란 수의사-

수염고래들도 위험하지만, 이빨고래들도 플라스틱 쓰레기를 먹는다. 모리셔스에서 우리가 직접 눈으로 확인한 사실이다. 촬영 도중 향고래 무리가 흰색 물체를 서로 먹으려고 경쟁하고 있었다. 처음엔 해파리인 줄 알았던 그 흰색 물체는 바로 비닐봉투였다. 향고래들의 눈에도 해파리로 보였던 걸까. 둥둥 떠다니는 비닐봉투를 서로 빼앗으며 입에 넣으려고 하는 게 아닌가.

지켜보던 김동식 수중 촬영감독의 고민이 깊어진 순간이었다.

자연 다큐멘터리를 제작할 때는 촬영 대상을 만지거나 현장에서 벌어지는 상황에 개입하지 않는 것이 원칙이지만 저대로 계속 두었다가 만약 향고래가 비닐봉투를 삼키기라도 한다면 치명적인 결과를 초래할 수도 있었다.

고민 끝에 김동식 수중 촬영감독은 무려 40년 넘게 지켜온 원칙을 깼다. 옆에 있던 가이드에게 비닐봉투를 수거해달라고 부탁한 것이다.

사실 원칙을 깼다는 것보다 향고래에게 가까이 접근하는 것이 더 우려되는 상황이었다. 온순한 성격의 향고래지만, 먹이라고 생각하는 걸 빼앗길 경우 돌발적인 행동을 할 수도 있기 때문이다. 나중에 이 사실을 전달받은 향고래 전문가들은 굉장히 위험한 순간이었다며 우려를 표명했다. 하지만 김동식 수중 촬영감독은 다시 한번 그런 상황이 온다 해도 똑같은 행동을 했을 것이라고 말한다. 그만큼 고래에겐 매우 위험한 순간이었다.

모리셔스 같은 청정해역조차 이런 플라스틱 쓰레기가 떠다니고 있다는 사실에 충격을 금하지 못했던 사건이었다. 그런데 플라스틱 쓰레기만큼이나 우리를 충격에 빠뜨린 광경이 있었다.

고래와 그들

관광객들의 무분별한 행태

▲ 향고래 무리를 둘러싼 다이버들 사진

모리셔스가 고래관광지로 유명한 곳이다 보니, 수십 명의 다이버들이 향고래를 가까이에서 보기 위해 앞다투어 바다로 뛰어 들어오곤 했다. 정식으로 모리셔스 정부로부터 촬영 허가를 받고 최소의 인원으로 최대한 주의하며 촬영하는 우리 옆에서, 아무런 장비 없이 향고래 가족들을 둘러싸고 만지려 하는 관광객들의 모습은 실로 충격적이었다. 향고래에 대한 기본적인 상식조차 없어 보였기 때문이다.

며칠을 지켜보다가 그대로 지나칠 수가 없어 이들을 촬영하기 시작했고, 모비딕 프로젝트를 진행하며 모리셔스 정부와도 긴밀한 관계를 맺고 있는 르네 휘제 감독에게 이 사실을 알리기 위해 영상을 보여주었다. 우리의 영상을 본 르네 휘제 감독도 매우 놀라며 큰 우려를 나타냈다.

"향고래들이 스트레스를 받았다는 걸 알 수 있습니다. 그래서 서로 보호하는 대형으로 모여 있는 겁니다. 인간은 거두고래와 크기가 비슷해요. 이렇게 둘러싼 인간들은 향고래에게는 거두고래들이 공격하러 온 것과 비슷한 느낌을 줄 수 있어요. 거두고래도 무리를 지어 공격하거든요. 따라서 관광객들에게도 굉장히 위험한 일입니다. 향고래가 꼬리를 한 번만 내리쳐도 익사해서 죽게 될 겁니다. 당장 중지해야 합니다."

-르네 휘제(수중 촬영감독)-

르네 휘제 감독은 자신이 모리셔스 정부에 이 상황을 보고하고 다시는 이런 일이 없도록 하겠다며 우리에게 영상을 받아 갔다. 언젠가 모리셔스를 다시 찾는 날, 더 이상 이런 광경을 보는 일이 없기를 바라본다.

플라스틱 쓰레기 때문에 죽어가는 고래들

모리셔스 향고래가 비닐을 먹이로 착각하고 먹으려 하는 모습을 보고 가슴이 철렁했던 건, 실제로 플라스틱 쓰레기를 먹고 사망한 고래들이 점점 늘고 있기 때문이다. 그중 상당수가 향고래나 돌고래 같은 이빨고래다. 대표적인 사례 3가지를 소개하자면

❶ 2023년 하와이에서 좌초돼 죽은 향고래를 부검한 결과 뱃속에서 엄청난 양의 폐그물과 폐어구 등의 플라스틱 쓰레기가 발견되었다.

▲ 하와이에서 좌초된 향고래의 위장에서 발견된 플라스틱 쓰레기
출처: Hawaiʻi DLNR

❷ 2018년 스페인에서 좌초된 고래의 배 속에는 비닐과 같은 플라스틱 쓰레기가 무려 29kg이 나왔다.

▲ 스페인에서 좌초된 향고래의 위장에서 발견된 플라스틱 쓰레기
출처: EspaciosNaturalesMur 트위터

두 고래 모두 내장을 가득 채운 플라스틱 쓰레기로 인해 음식물 유입이 어려워 굶어 죽거나 쓰레기로 인한 감염 때문에 복막염이 생겨 사망한 것으로 추정됐다.

❸ 2012년, 제주도에서 좌초됐지만 살아서 구조된 뱀머리돌고래가 며칠 만에 사망한 일이 있었다. 구조 후 지극정성으로 보살폈는데도 불구하고 며칠 만에 사망해서 그 원인을 알지 못했는데 부검을 해보니 배 안에 폐비닐이 가득 차 있었던 것이다.

◀ 뱀머리돌고래 배에서 나온
플라스틱 쓰레기 사진
출처: 국립수산과학원

새끼 보리고래가 삼킨 플라스틱 컵 뚜껑과 플라스틱 조각이 사망의 원인은 아니었지만, 우리 바다에 플라스틱 쓰레기가 얼마나 많은지를 직접 눈으로 확인하고 나니 착잡한 마음을 금할 길이 없었다.

새끼 보리고래의 배에서 나온 플라스틱 뚜껑의 출처는 '대만'

사인은 밝히지 못했지만 여전히 의문은 남았다.

새끼 보리고래는 어디에서 이 플라스틱 컵 뚜껑을 삼킨 것일까. 컵 뚜껑에 새겨진 다양한 문양들을 분석한 결과, 이 컵 뚜껑이 만들어진 곳이 '대만'이라는 걸 알아냈다. 단서는 맨 왼쪽에 표시된 사각형의 기호. 이것이 대만에서 사용되는 공식 재활용 기호였다. 그렇다면 새끼 보리고래가 이 컵 뚜껑을 대만 앞바다에서 삼킨 걸까.

더 추적해보니 국내에 동일한 문양이 있는 플라스틱 뚜껑 판매 업체가 있었다. 연락해본 결과 이곳은 대만의 플라스틱 포장 용기 제작 업체와 거래 협약을 맺은 곳이었다. 그러니까 대만에서 제조된 건 맞지만 버려진 곳이 대만 앞바다가 아닐 가능성도 있는 것이다. 그렇다면 가능성은 3가지.

1. 대만에서 버려진 컵 뚜껑이 한국의 서해로 흘러들어와 새끼 보리고래가 삼켰다.

2. 새끼 보리고래가 대만의 바다에서 삼킨 채, 한국 바다로 헤엄쳐 와서 죽었다.

3. 대만에서 만들어진 제품을 수입해 한국에서 버려진 후, 한국 바다에 와서 삼켰다.

진실이 무엇이든 죽은 새끼 고래에 대한 미안함은 사라지지 않을 것 같은 마음 아픈 사건이었다.

스리랑카에서 고래가 사라진 이유

새끼 보리고래의 내장에서 플라스틱 컵 뚜껑을 발견한 뒤부터 우리는 촬영을 가는 곳마다 바다에 떠다니는 플라스틱 쓰레기에 집중하기 시작했고 세계 어느 바다에나 플라스틱 쓰레기들이 널려 있었다는 사실을 절감했다.

그중에서도 가장 경악을 금치 못했던 곳이 바로 스리랑카였다.

2주간 돌고래를 제외한 그 어떤 고래도 볼 수 없었던 스리랑카 바다. 왜 고래가 사라졌는지를 추적한 결과, 우리가 알게 된 가장 큰 이유는 2021년 스리랑카 바다에서 있었던 사상 최악의 해양 참사였다. 1,486개의 컨테이너에 플라스틱 알갱이와 각종 화학물질을 잔뜩 싣고 항해하던 대형 화물선이 침몰했던 것이다. 이로 인해 바다에 뿌려진 플라스틱 알갱이와 화학물질들로 인해 고래와 돌고래, 바다거북이 최소 200마리가 죽은 것으로 보고되었다. 그 이후 스리랑카 바다에 고래들이 발길을 끊은 건 아니었을까.

▲ 출처: SBS 보도자료

▲ 스리랑카 바다에 떠다니는 플라스틱 쓰레기 섬

　화물선 침몰 때 쏟아져 나온 플라스틱 알갱이도 문제지만 바다에 버려지는 플라스틱 쓰레기들의 양도 어마어마했다. 김동식 수중 촬영감독이 스리랑카 바다에 촬영을 왔었던 6년 전만 해도 청정해역이었던 이곳이, 몇 년 사이 곳곳에 플라스틱 쓰레기 섬들이 떠다닐 정도로 쓰레기 바다가 된 것이다.

　바닷속의 상황은 더 심각해 보였다.
　스리랑카의 전통어업인 '마댈'[15]을 촬영하면서 우리는 경악을 금치 못했다. 어부들이 끌어올린 그물을 가득 채운 건, 물고기가 아닌 각종 쓰레기였다.

　심각성을 느낀 스리랑카 정부가 2023년 6월부터 일회용 플라스틱 사용을 규제하고 나섰지만, 바다로 유입되는 플라스틱 쓰레기는 단순

15 스리랑카의 전통어업으로 배로 그물을 치고 육지에서 사람들이 당기는 방식

히 그 나라만의 문제가 아니다.

> "최근에 트링코말리 해변에 플라스틱 쓰레기가 많이 밀려오고 있습니다. 플라스틱 라벨을 살펴보면 여러 국가 언어들이 있습니다. 말레이시아, 인도네시아, 인도 등 다른 해역에서부터 이동해 오는 것 같습니다."
>
> –사샤 페르난도(현지 다이버)–

전 세계 바다에서 버려지고 있는 플라스틱 쓰레기의 양은 실로 심각하다. 유엔 환경계획이 지난 2022년 2월에 발표한 플라스틱 해양 오염 평가 보고서를 보면 1950년 이후 2017년까지 생산된 플라스틱은 92억 톤. 이중 바다로 흘러 들어가는 플라스틱 쓰레기는 연간 1,100만 톤에 이를 것으로 추산한다.

바다로 흘러 들어간 플라스틱 쓰레기는 사라지지 않고 미세플라스틱으로 남게 되는데, 이에 따라 바다를 뒤덮은 미세플라스틱은 무려

▼ 어부들이 끌어올린 그물 속에 물고기 대신 가득한 플라스틱 쓰레기들

171조 개에 달한다고 한다.[16] 바닷속 미세플라스틱의 숫자가 우리 은하계에 있다고 추정되는 별들의 숫자보다 훨씬 더 많은 것이다. 물론 그 수치 역시 연구자들이 확인 가능한 영역에서 계산된 숫자에 불과하지만.

부안 새끼 보리고래의 몸에서 나온 시료를 분석한 결과 역시 바다에서 흔히 발견되는 미세플라스틱이 검출되었다. 죽음의 직접적인 원인은 아니지만 한 살 남짓한 새끼 고래의 몸에 이미 미세플라스틱이 차곡차곡 축적되고 있었던 것이다. 생활 쓰레기로 버려진 것이 바다로 흘러 들어간다고 보기에는 너무나 엄청난 양의 플라스틱 쓰레기들. 도대체 그 쓰레기들은 어디에서 오는 걸까.

그 의문을 풀어준 한 제보자가 있었다.

공익제보자 한바다

취재 중 만난 수많은 사람 중 제작진을 가장 충격에 빠뜨렸던 20대 젊은 청년 한바다(가명)씨. 6년 동안 참치잡이 원양어선에서 승무원으로 일하면서 접하게 된 참혹한 바다의 현실을 알리고 싶어 인터뷰에 응했다고 했다.

그는 우리에게 얼굴을 공개해도 상관없다고 말했지만 인터뷰를 진

---

16 미국 비영리 환경보호단체 '5 자이어스 연구소(5 Gyres Institute)'가 40년간 전 세계 바다에 떠다니는 미세플라스틱을 분석한 연구 결과로 2023년 3월 국제학술지 '플로스원'에 게재됨

행한 후, 우리는 그의 신분을 공개해서는 안 된다는 결론을 내렸다. 내용이 너무 충격적이었기 때문이다. 아직 20대인 그의 미래가 공익제보자라는 굴레 때문에 훼손되지 않기를 바라는 맘이 컸다.

2일간 5시간 넘게 진행된 인터뷰. 차분하지만 담담한 목소리로 원양어선 안에서 일어나는 일들에 대해 설명하는 한바다 씨의 얘기는 차마 믿기 어려운 것들이었다.

그런 우리의 심정을 이해한 듯 가방에서 무언가를 꺼내 보여주었던 한바다 씨. 배에서 있었던 일들을 기록한 영상이 담긴 여러 개의 USB였다. 그 안에 담긴 영상파일만 1천 개가 넘었다. 몇 년에 걸쳐 죽음을 각오하고 촬영한 것이라고 했다.

> "너무 파괴적인 일을 많이 해가 지고요. 찍어야겠다 마음먹기까지 되게
> 두려움이 많았어요. 전에 한 번 촬영하다가 걸려가지고 엄청 맞은 적이
> 있거든요. 또 걸렸으면 진짜 바다에 빠져서 죽었을 거라고 생각해요."
>
> ─한바다(가명/공익제보자)─

5시간의 인터뷰가 끝난 후에도 그는 또다시 5시간 넘게 그 영상에 대해 설명해주었다. 있는 그대로의 현실을 적나라하게 공개하고 싶었지만 그렇게 되면 한바다 씨의 신원이 알려질 가능성이 있었다. 안타깝지만 방송에서도 이곳에서도 그중 일부만 공개하기로 하겠다. 20대 청년의 미래 역시 바다만큼이나 소중하기 때문이다.

한바다 씨가 촬영한 영상 중에서 우리를 가장 분노케 한 건 2가지였다.

하나는 배 안의 쓰레기를 아무 여과 없이 바다에 버리는 장면이었다.

"청소를 마쳤는데 선장님이 쓰레기를 바다에 전부 버리라고 명령을
했어요. 저는 '왜 바다에 버려야 됩니까'라고 되물었습니다. 근데 돌아
오는 건 쌍욕이었고요. 그냥 모든 쓰레기, 특정할 수 없을 정도로 너
무 많은 종류들이어가지고. 세탁기, 냉장고, 스티로폼도 다 바다로 버
리는 것 같아요."

-한바다(가명/공익제보자)-

그중에서 가장 큰 쓰레기는 '선망'. 길이만 2킬로미터가 넘는 거대한
어망이다. 선망을 바다에 치면 그 안에 63빌딩 30채가 들어간다고 했
다. 그물을 치는 것도, 걷는 것도 작은 배를 이용해서 해야 할 만큼 엄
청난 크기였다. 그런데 그런 선망을 그냥 바다에 버리고 온다는 것이
었다.

"1년만 쓰더라도 구멍들이 많이 생겨요. 워낙 크기 때문에 그걸 사람이
다 펼쳐서 하나하나 다 메꿀 수 있는 것도 아니고 폐기를 해야 하는데
육지에 가져가게 되면 짐만 되니까 바다에 버리고 돌아왔습니다."

-한바다(가명/공익제보자)-

과거에 비해 많이 개선되었다고는 하지만 원양어선에서는 선장의 명령을 거역하는 건 목숨을 건 행동이라고 했다. 선망을 버리고 오면서 죄책감이 너무 심해 버린 곳의 좌표를 기록해두었다는 한바다 씨. 여건이 된다면 나중에라도 가서 수거해오고 싶다는 마음에서였다고 한다. 버려진 그물은 수많은 해양생명체들의 생명을 앗아간다. 일명 '유령 그물'이라 불리며 물고기는 물론 바다거북, 고래를 가둬 죽게 만드는 떠다니는 지옥이 되기 때문이다.

한 통계에 의하면 전 세계 상업 어선의 수는 410만 척이 넘는다고 한다. 한바다 씨가 승선했던 배에서만 이런 일이 일어나지는 않는다고 가정한다면 전 세계 바다에 버려지는 폐어구의 양은 그 수를 짐작하기 싫을 만큼 엄청난 양이다. 한바다 씨가 죽음을 각오하고 영상을 촬영한 것도 그 실상을 세상에 알리고 싶은 마음에서였다고 한다. 그리고 반드시 알리고 싶었던 또 한 가지. 고래들의 슬픈 죽음이었다.

혼획

"고래들을 보면서 사실은 굉장히 부러웠어요. 저는 배라는 공간에서 되게 억압받고 때로는 폭행도 당하고 되게 어려운 상황이었는데 망원경으로 고래나 돌고래들을 봤을 때 억압받지 않고 자기가 하고 싶은 대로 다 하고 가고 싶은 데는 다 가잖아요. 그런 고래들을 동경했고요. 그렇게 되고 싶었어요."

-한바다(가명/공익제보자)-

한바다 씨에게 고래는 고통스러운 배에서의 생활을 견디게 해주는 유일한 희망이자 위로였다고 한다. 바다를 좋아해 선원이 되었고 선원 생활에서 가장 기대했던 것 중 하나가 고래를 만날 수 있다는 것이었기 때문이다. 그래서 항해 도중 고래를 만나면 어떻게든 촬영했다는 바다 씨. 그런데 그가 촬영한 고래의 모습은 상상과는 거리가 먼 것이었다. 억압받지 않고 가고 싶은 데는 다 가는 자유로운 고래가 아니라, 그물에 갇혀 발버둥 치는 참혹한 고래들을 마주했다.

"여느 날처럼 선망을 쳐서 그 안에 있는 어종들을 싹 다 잡는 어업을 하고 있었는데 그 안에 엄청 큰 고래 2마리가 갇힌 거예요. 저는 풀어줄 수 있을 거라 생각했는데 그냥 참치 잡듯 퍼 올리더라구요. 고래는 그때까지 살아서 엄청나게 발버둥 치고 있는데 다들 고래를 풀어줄 생각을 안 하고 참치만 던지고 있었어요. 제가 가만히 있을 수 없어서 가까이 갔는데 한 마리는 끔찍한 비명을 지르고 있었고 다른 한 마리는 바로 옆에서 눈물을 흘리고 있더라고요."

-한바다(가명/공익제보자)-

그 모습을 보다 못한 바다 씨가 선원들에게 부탁해 간신히 풀어주었지만 물속에 들어간 이후, 숨을 쉬기 위해 내뿜는 물기둥이 보이지 않았다고 한다. 죽은 것이다.

지금도 그때 그 고래의 울음소리가 트라우마처럼 남았다는 바다 씨. 이후에도 비슷한 상황이 되풀이되면서 참다못한 바다 씨가 바다에 뛰

어들어 그물 밖으로 고래를 나가게 해준 적도 있었다고 한다.

1986년, 국제포경위원회 IWC가 상업적 포경을 금지하면서 IWC에 가입한 나라들은 모두 상업적 포경을 중단했다. 우리나라 역시 그중 하나다. 다시 말해 인위적으로 고래를 죽이면 안 되는 것이다. 그런데 왜 그물에 갇힌 고래를 풀어주지 않는 걸까.

"일단 그물 안에 들어가면 풀어주려고 그물을 여는 순간, 참치들도 따라 나갈 수가 있으니까요. 그런 손해를 굉장히 싫어하죠."

-한바다(가명/공익제보자)-

어업 도중 목표한 어종 외에 다른 해양생물이 함께 그물에 잡히는 걸 '혼획'이라고 한다. 선망처럼 거대한 어망을 바다에 치면 혼획은 피할 수 없는 결과다. 한 통계에 따르면 어업 도중 잡히는 해양생물의 40%가 혼획이라고 한다. 목표한 어종이 아니기 때문에 잡은 즉시 버려지곤 하지만 대부분은 이미 죽어 있다고 한다.

고래와 같은 해양포유류나 바다거북 같은 종은 수면위로 올라와 공기를 들이마시는 폐호흡을 해야 하는데 그물에 걸리면 물 밖으로 나올 수 없어서 질식사를 하는 것이다. 혼획으로 죽어가는 고래와 돌고래는 전 세계적으로 매년 최소 30만 마리 이상일 것으로 추정되고 있다. 과거 포경만큼이나 고래를 멸종에 이르게 할 수 있는 위험한 상황이다.

"혼획 문제는 이 종의 개체 수 감소, 멸종 이걸 넘어서 이제 정말 바다 생태계 전체의 변화를 일으킬 수가 있어요. 단순히 '불쌍하다'라는 연민으로 끝날 일이 아닐 만큼 많이 죽고 있고 이런 일이 계속된다면 정말 위험한 상황에 이를 수도 있어요."

-김선민 수의사, 박사 후 연구원(충북대학교 의과대학)-

과거 포경 시대에는 그나마 먹기 위해, 기름을 짜내기 위해 고래를 죽였지만 이제는 아무 이유 없이 매년 수십만 마리의 고래를 혼획이라는 이름으로 죽이고 있다. 이것이 과연 원양어선이 떠다니는 먼바다에서만 일어나는 일일까. 취재하면서 알게 된 충격적인 사실은, 우리 바다에서도 매년 1천 마리가 넘는 고래가 혼획으로 죽어가고 있다는 것이었다.

방송에 담지 못한 이야기

'혼획'으로 인한 상괭이의 비극

　제주도 남방큰돌고래 외에 우리 바다에서 볼 수 있는 대표적인 고래류 중 하나인 상괭이. 쇠돌고래의 일종으로 동아시아에 주로 분포하는데 우리나라 서해가 최대 서식지로 알려진 국제 보호종이다. 고래에 관심이 많은 사람들이 아니면 다소 생소한 이름이지만 미소를 짓는 듯한 얼굴 때문에 한 번 보면 반하지 않을 수 없을 만큼 귀여워 돌고래보다 상괭이를 좋아하는 사람도 많다.

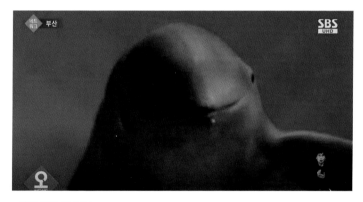

▲ 출처: SBS 보도자료

　그런데 그 상괭이가 매년 1천 마리 넘게 죽어가고 있다. 바로 혼획 때문이다. 국립수산과학원 고래연구소에 따르면 2005년 처음 조사 때 3만 6천 마리로 추정됐던 상괭이가 2011년엔 1만 3천 마리로 급감했고, 해마다 평균 1,100여 마리가 혼획 때문에 죽은 채 발견되고 있다. 이대로 방치하면 머지않아 멸종위기에 처할 것이다.

▲ 출처: 국립수산과학원

　이를 막기 위해 국립수산과학원에서는 상괭이 혼획 저감장치를 개발했다.
상괭이가 걸려 죽는 그물은 '안강망'이라 불리는 큰 자루 모양의 그물로 조
류가 빠른 해역에서 그물을 고정해 놓고 물고기 떼가 강제로 자루에 밀려들
어가게 해 잡는 방식이다. 물고기와 함께 밀려 들어간 상괭이가 결국 그물을
탈출 하지 못해 질식사하는 것이다. 따라서 안강망 중앙에 물고기는 통과하
지만, 상괭이는 통과하지 못하는 크기의 유도망을 설치해서 그물 밖으로 상
괭이를 내보낼 수 있는 장치를 개발한 것이다.

　부디 이 저감장치가 널리 보급되어 혼획으로 죽어가는 상괭이가 더 이상
없는 날이 하루빨리 오길 바란다.

▲ 출처: 국립수산과학원

3. 무엇이 고래를 죽였나

혹시 새끼 보리고래가 혼획으로 인해 사망했을 가능성은 없는 걸까.

"가능성이 작아요. 혼획으로 사망한 개체들은 그물 속에서 숨을 못 쉬
어 질식사하는 경우가 대부분인데 그럴 경우 폐 속에 거품이 생기거
든요. 그런데 이 보리고래의 폐에는 그런 흔적이 별로 없습니다."

-이경리 박사(고래연구소)-

총 5일에 걸친 부검 결과, 명확한 사인을 발견할 수는 없었다. 다만
전문가들이 조심스레 추정하는 건 어미 고래와 떨어진 새끼 보리고래
가 길을 잃고 헤매다가 서해까지 흘러와 조수간만의 차가 심한 하섬에
고립된 채 바다로 돌아가지 못하고 사망한 게 아니냐는 것이다.

"보리고래는 깊은 수심을 선호하는데 서해에 들어왔다는 게 마음에 걸
리죠. 아직 스스로 방향감각을 가지고 생활하기엔 부족한 나이라, 그래
서 길을 잃은 게 아닐까." -김선민 수의사, 박사 후 연구원(충북대학교 의과대학)-

또 다른 의문이 들었다. 그동안 우리가 봤던 고래 대부분은 새끼를 절대 혼자 두지 않는다. 그런데 왜 이 새끼 보리고래는 어미와 떨어져 혼자 죽은 것일까. 혹시 어미 고래에게 새끼를 놓칠 만큼 감당하기 힘든 일이 벌어졌던 건 아닐까. 그 의문을 풀 수 있는 단서를 찾아간 곳은 영국과 미국이었다.

영국 템스강 보리고래의 비극

좌초된 고래들에 대한 자료를 찾던 중, 우리는 영국에서 부안 보리고래와 비슷한 사례가 있음을 알게 됐다.

우리의 한강처럼 영국의 런던을 가로질러 흐르는 템스강.
수심이 가장 깊은 곳이 5미터에 불과해 고래들이 서식하기에 적절한 곳이 아니지만 종종 고래들이 길을 잃고 들어와 헤매다가 사망하는 일이 잦은 곳이다. 도심을 가로지르는 강에 고래들이 나타나다 보니 시민들이 구조에 동참하면서 '템스강 고래'로 유명해진 몇몇 고래들이 생기기도 했다.

혹등고래, 큰돌고래를 비롯해 벨루가까지 다양한 고래들이 템스강에 고립되곤 했는데 2019년에 새끼 보리고래가 템스강에서 죽은 채 발견된 사건이 있었다.

부검 결과 몸길이가 9미터가 조금 넘는 한 살이 안 된 개체로 추정됐고 위장이 비어 있긴 했지만 굶어 죽은 것으로 보이진 않았다. 다량의 기생충이 발견된 것 역시 부안의 보리고래와 비슷했지만 큰 상처를 입었다거나 특별한 감염이 발견되지 않아 사인을 밝히지 못했다고 한다.

▲ 출처: Daily Mail Online

　깊은 바다를 좋아하는 보리고래가 수심이 5미터 남짓한 템스강에서 죽은 채 발견되었고, 한 살이 채 안 된 어린 고래였다는 사실을 바탕으로 전문가들은 새끼 고래가 어미 고래와 헤어져 길을 잃고 헤매다가 사망했을 거라는 결론을 내렸다고 한다. 어미 고래를 잃고 길을 헤매다가 사망한 새끼 고래들이 우리가 생각한 것보다 더 많을 수도 있는 것이다. 미국 뉴욕에서도 비슷한 일이 벌어지고 있었다.

뉴욕 고래 연쇄 사망사건

　설마, 이곳에서 고래를 볼 수 있으리라곤 생각지 못했다.

세계에서 가장 번화한 도시인 뉴욕. 엠파이어 스테이트 빌딩을 비롯한 화려한 도시의 전경이 한눈에 들어오는 뉴욕 앞바다. 그곳에 그들이 있었다.

뉴욕 앞바다에서 물고기를 잡아먹기 위해 거대한 입을 벌리고 솟아오르는 혹등고래들. 이 모습을 보기 위해 몇 년 전부터 뉴욕과 뉴저지에서는 고래관광선들이 운행되고 있었다.

> "저희가 여기에서 고래관광을 진행한 지 몇 년 정도 되다 보니 전 세계에서 관광객들이 찾아와요. 뉴욕에 도착하자마자 하는 일이 엠파이어 스테이트 빌딩을 구경하는 것이 아니라 고래를 보러 오는 거죠. 이건 굉장한 일이에요." —셀리아 애커만(동식물 연구가 및 고래관광선 관리)-

도대체 언제부터 뉴욕 앞바다에 혹등고래들이 나타난 걸까.

'고담 웨일(Gotham Whale)'[17]이라는 뉴욕의 한 시민단체가 12년간 뉴욕과 뉴저지의 혹등고래 수의 변화를 관찰한 결과 2011년에 5마리에 불과했던 혹등고래가 2023년 322마리로 증가했다고 한다. 무려 60배 이상이 늘어난 것이다. 그 이유가 뭘까.

뉴욕에 혹등고래가 증가한 이유를 알기 위해 검색을 하던 중 우리는 고래가 늘어난 만큼 죽은 채 발견되는, 그러니까 좌초된 고래 또한 많다는 사실을 알게 됐다. 최근 2년간 뉴욕과 뉴저지 해안에서 죽은 채 발견된 고래와 돌고래들이 무려 100마리가 훌쩍 넘었다. 이로인해 미

---

17 2009년 설립된 해양포유류 연구를 목적으로 하는 비영리 시민 과학자 단체. 뉴욕과 뉴저지에서 촬영한 혹등고래들의 사진으로 카탈로그를 만들어 개체 수 변화를 모니터링하며 인간에 의해 해양포유류가 직면한 영향에 대해 연구하고 있다.

국 해양대기청(NOAA)은 2016년부터 미 동부 해안 전역에 혹등고래의 'UME(Unusual Mortality Event-비정상적인 사망사건)'를 공표하기도 했다.

2014년에 9마리, 2015년 11마리였던 혹등고래의 죽음이 2016년을 기점으로 2배, 3배 넘게 증가하기 시작했기 때문이다. 그러다 보니 뉴욕과 뉴저지에서는 해변에서 죽은 고래가 발견될 때마다 긴급 출동해 부검하는 전담팀들이 꾸려져 있었다. 자원봉사자들로 꾸려진 단체로 연방 정부의 지원을 받는다. 죽은 고래가 발견됐다는 연락이 오면 밤낮을 가리지 않고 바로 현장에 출동해 부검한 뒤, 매립까지 맡고 있다.

"동물들의 죽음은 꼭 조사되어야 한다고 생각해요. 특히 대형 고래들이 죽음은 우리가 그 책임으로부터 자유로운 경우가 많지 않아요. 우리가 한 부검의 결과가 우리에게 책임이 있다는 걸 보여주는 거죠."

-킴벌리 더럼(뉴욕 해양포유류 연구단체(AMCS) 부검 코디네이터)-

부검을 통해 밝혀진다는 인간의 책임은 과연 무엇일까.

우리는 이 팀들과 협업 중이라는 고래 부검 전담의를 만났다.

40년간 1천 마리가 넘는 고래를 부검했다는 조이 라이덴버그 박사.

"고래가 해변에서 죽는 건 별로 이상한 일이 아니지만 그 숫자가 많 아지면 이상한 일이 되는 거죠. 그 이상한 일이 일어나는 이유, 단순 히 말하면 이곳에 고래가 많기 때문이에요. 20년 전에는 뉴욕항에 고 래가 하나도 없었는데 지금은 바로 볼 수 있죠. 기후변화로 인해 뉴욕 앞바다의 바닷물이 따뜻해졌어요. 그로 인해 고래의 먹이도 늘어났 고, 그 먹이를 먹기 위해 고래들이 뉴욕 앞바다로 몰려오는 거죠."

-조이 라이덴버그 박사(고래 해부학자)-

혹등고래는 주로 청어를 잡아먹고 사는데 기후변화로 뉴욕 앞바다 가 따뜻해지면서 청어들이 급증했고 그 청어를 잡아먹기 위해 혹등고 래들이 뉴욕 앞바다를 찾아와 1년 내내 머무른다는 것이다.

또 다른 의문이 생겼다. 고래가 많아져 죽는 고래가 늘어났다면 수 명을 다해 자연사했다는 걸까.

"뉴욕항은 배가 많이 다니는 항구예요. 그래서 배들이 이동 중에 사냥 하는 고래들과 충돌하는 일이 잦아진 거죠. 그 사체가 해변에 떠밀려 오는 거예요."

-조이 라이덴버그 박사(고래 해부학자)-

기후변화 때문에 항구 가까이 오는 고래가 늘어난 만큼 선박도 늘어 난 것이다. 가장 큰 이유는 코로나 때문에 배송이 늘어나면서 생긴 물

류대란. 고래가 선박과 충돌할 경우 겉으로 볼 땐 아무 흔적이 없지만 부검해보면 내부 곳곳에 심한 타박상이 발견되고 뼈들이 부러져 있다고 한다. 조이 박사가 최근 부검한 3마리 모두 선박과 충돌해 사망했다는 것이다.

▲ 선박충돌로 부러진 고래의 뼈를 보여주는 조이 라이덴 버그 박사

"두개골에 충돌을 당한다면 즉사일 가능성이 높습니다. 그런데 만약에 다른 곳에 충돌이 돼서 갈비뼈나 등뼈가 부러진다면 바로 죽지 않을 수도 있습니다. 그러면 아주 길고 힘들고 고통스런 죽음이 되겠죠."

-조이 라이덴버그 박사(고래 해부학자)-

그렇게 선박과 충돌해 죽은 고래 중에 가장 마음 아픈 사례라며 그녀는 우리에게 2마리 죽은 고래 사진을 보여주었다. 커다란 향고래 한 마리와 작은 향고래 한 마리였다.

"이 사례가 특히 슬펐던 이유는 모유가 나오는 암컷이었거든요. 그래서 어딘가 새끼가 있었을 거라는 걸 알 수 있었어요. 그런데 얼마 후 새끼 향고래의 사체가 발견됐어요. 어미 고래가 없으니까 오래 살아남을 수가 없었을 거예요. 아직 모유를 먹는 새끼였으니까요."

-조이 라이덴버그 박사(고래 해부학자)-

뉴욕 고래들의 죽음을 마주하며 부안에서 죽은 새끼 보리고래를 떠올리게 됐다. 어쩌면 부안에서 죽은 새끼 보리고래의 엄마도 선박과 충돌해 심각한 부상을 입고 새끼를 놓친 건 아니었을까. 그래서 혼자 남겨진 새끼 보리고래가 길을 잃고 헤매다가 홀로 죽어간 건 아니었을까.

새끼 보리고래의 죽음을 추적하다 우리는 그 죽음 뒤에 새끼 고래를 홀로 남겨둘 수밖에 없게 된 어미 고래의 죽음이 있으며 어미 고래의 죽음 뒤에는 팬데믹으로 폭증한 선박들과 그 선박들이 가득한 위험한 바다를 고래들이 헤매게 만든 '기후변화' 가 있음을 알게 됐다.

> "지구 온난화로 인해서 고래들이 전에는 먹이활동을 하지 못하던 곳에서 먹이활동을 하게 될 수도 있고 그 반대일 수도 있어요. 지구 온난화로 생선 개체군들이 죽어버린다면 먹이가 없으니 고래들이 굶어 죽겠죠. 우리가 앞으로의 미래를 정확히 모르는 이유는 기후변화로 어떤 동물이 가장 영향 받을지를 모르기 때문입니다"
>
> ―조이 라이덴버그 박사(고래 해부학자)―

고래의 장엄하고 경이로운 모습을 촬영하기 위해 떠난 멀고 긴 여정에서 우리는 기후변화로 인해 지구가, 바다가 처한 현실을 목도했다.

캐나다 허드슨만의 처칠에서 목격한 벨루가와 북극곰의 낯선 생존 경쟁. 뉴욕과 뉴저지의 고래 연쇄 사망사건.

어쩌면 이것은 빙산의 일각에 불과할 것이다.
그동안 지구가 보낸 수많은 경고를 우리는 놓치고 있었던 건 아닐까.

그래서 모든 것을 받아주던 바다가 이제 자신이 품은 생명체들을 통해 마지막으로 호소하는 건 아닐까. 20년 만에 우리 바다에 죽은 채로 나타난 보리고래가 지금 우리에게 말하는 진실은 무엇일까.

방송에 담지 못한 이야기

영구 동토가 녹고 있다

고래와 직접적인 연관성은 없어 방송에 소개하진 않았지만, 기후변화로 인한 위기를 잘 보여주는 것 중 하나가 허드슨만에서 촬영한 영구 동토였다.

영구 동토란 2년 이상의 모든 계절 동안 섭씨 0℃ 이하로 유지되는 땅으로 수백만 년 전부터 형성된 것으로 알려져 있는데 우리가 촬영을 하러 갔던 캐나다 허드슨만의 처칠 지역에도 이 영구동토층이 넓게 분포하고 있었다.

활성 층

영구동토 층

탤릭 층

▲ 출처: 위키백과

북반구의 25%를 차지하는 이 얼음 땅속엔 오랜 기간동안 묻힌 동식물의 사체와 미생물을 비롯한 각종 유해 물질들이 언 채로 잠들어 있다. 이로 인해 영구동토층에 축적된 탄소의 양만 1조 7천억 톤으로 추정되는데 이는 대기 중 탄소량의 2배 이상이라고 한다. 다시 말해 이 영구동토층이 녹아서 그 안에 잠들어 있던 것들이 대기 중으로 나온다면 그야말로 재앙이 시작되는 것이다. 그런데 기후 온난화 때문에 최근에 이 영구동토층이 녹고 있다. 그로 인한 재앙은 크게 3가지이다.

❶ 탄소배출

영구동토층은 약 100만 년 전부터 축적된 지층으로, 오랜 기간 동안 묻힌 동식물의 사체와 미생물이 들어있는데, 영구 동토가 0℃ 이하로 유지될 경우에는 미생물의 활동이 제한되지만, 온도가 높아지면 미생물이 활발히 활동하게 되면서 유기물을 분해하고, 이로 인해 이산화탄소와 메탄이 만들어진다. 이산화탄소와 메탄은 모두 온실가스이므로 지금보다 훨씬 더 많은 온실가스가 대기 중에 쌓이게 될 것이고 그렇게 된다면 전 세계에서 행해지고 있는 탄소 저감 노력은 물거품이 되고 말 것이다.

❷ 지반 붕괴

얼었던 땅이 녹는다면 가장 먼저 일어나는 현상은 딱딱했던 땅이 물렁해진다는 것이다. 그러면 그 땅 위에 무거운 건물이나 도로, 교량 등이 있다면 어떻게 될까. 그 무게를 버티지 못해 지반이 침하되면서 그대로 붕괴될 것이다.

❸ 위험물질 유출

영구동토층은 일종의 냉동창고 같은 개념이다.

그 속엔 과거 지구에 유행했던 각종 바이러스 및 병원균들이 잠들어 있을 가능성이 높다. 탄저균이나 스페인 독감, 천연두 같은 전염병 말이다. 또한 과거 러시아가 영구 동토 지대에서 행했다는 핵무기 실험 등으로 인한 핵폐기물과 대량의 방사능이 축적되어 있을 수도 있다. 기후변화로 인해 지구가 뜨거워지면 우리가 겪어야 하는 위험이 단순히 높은 기온이나 생태계의 변화뿐만이 아니라는 것이다. 영구동토층이 녹아 그 속에 있던 각종 유해물질과 탄소가 대기로 쏟아져 나온다면 그 피해는 전 세계가 함께 감당해야 할 것이다. 영구동토층과는 아무런 상관없는 대한민국에 사는 우리들도.

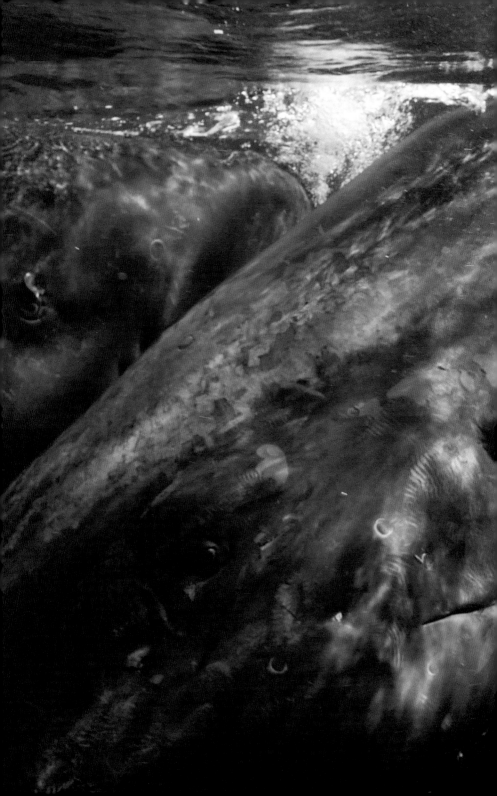

4부

고래가
당신에게

1. 인간에 의한 고래 잔혹사

세상에서 가장 외로운 고래, 키스카

2023년 3월, 한 범고래의 죽음이 전 세계를 울렸다.
캐나다의 한 수족관에서 44년간의 생을 멈춘 암컷 범고래 키스카.
그녀는 '세상에서 가장 외로운 고래'라고 불리던 범고래였다.

키스카가 세상의 주목을 받게 된 건, 캐나다의 동물 보호 운동가 필 데머스가 키스카의 영상을 SNS에 공유하기 시작하면서부터였다. 그가 공유한 영상 속의 키스카는 보는 이들의 마음에 작은 파란을 불러일으켰다.

마치 자신을 좀 꺼내달라는 듯 수족관 벽에 끊임없이 머리를 부딪치며 자해를 했던 키스카. 왜 그런 행동을 했던 걸까. 필 데머스는 키스카가 더 이상 살아갈 이유를 찾지 못해 스스로 죽기를 택했을 거라고 얘기한다.

"우리가 자의식이 있고 사고하고 합리화하고 계획하는 것처럼 고래도 똑같아요. 그런데 우리는 이들을 꼼짝없이 수족관에 갇혀 살게 하고 있어요. 고래는 자신이 감금당해야 하는 이유를 이해하지 못합니다. 애초에 갇혀 살라고 태어난 동물이 아니잖아요."

-필 데머스(동물 보호 운동가)-

1979년 아이슬란드의 바다에서 네 살의 나이로 포획되어 수족관에서 44년을 갇혀 살아야 했던 키스카. 하지만 키스카가 처음부터 이렇듯 자해를 한 건 아니었다. 키스카는 캐나다에서 가장 인기 있었던 테마파크에서 범고래 쇼를 하며 사람들을 즐겁게 해주던 똑똑하고 친절한 고래였다. 키스카의 쇼를 보기 위해 많은 사람들이 테마파크를 찾을 정도로 키스카는 사람들에게 인기가 많은 고래였고 수족관 생활에도 잘 적응하는 듯이 보였다고 한다.

"성격이 온순했기 때문에 신입 조련사들은 항상 키스카에게 배정이 됐어요. 키스카는 매우 순했고 사람들을 기쁘게 해주는 걸 좋아했어요. 게다가 정말 똑똑해서 물고기를 더 먹으려고 훈련사들을 속일 줄도 알았어요. 볼 때마다 웃겼죠. 모든 고래들 중에서도 가장 믿을만한 고래였어요."

-크리스틴 산토스(과거 해양 동물 트레이너)-

그런 키스카가 변하기 시작한 건 2012년.

"키스카가 친구 누카와 유일한 딸인 아테나를 잃었을 때예요. 키스카는 평소에 하던 행동들을 전부 멈췄어요. 그리곤 스스로를 고독 속에 가뒀죠. 그리고 누군가를 부르듯이 슬프게 울었어요."

-크리스틴 산토스(과거 해양 동물 트레이너)-

암컷 범고래였던 키스카는 캐나다의 테마파크에 온 이후로 5마리의 고래를 출산했다고 한다. 그런데, 그 고래들이 차례로 키스카의 곁을 떠났다. 야생의 범고래는 최고 90년까지 산다고 알려져 있지만, 수족관 범고래의 수명은 평균 35년이라고 한다. 그만큼 좁은 수족관 생활이 범고래들에겐 고통스럽기 때문이다.

크리스틴이 테마파크에 왔을 당시, 그곳엔 키스카를 포함해 6마리가 넘는 범고래들이 있었다고 한다. 하지만 하나둘 사망했고 결국 2011년, 키스카는 테마파크에 남은 유일한 범고래가 되었다. 그리고 그때부터 12년간 좁은 수조 안에 홀로 갇혀 살며 '세상에서 제일 외로운 고래'로 불렸던 것이다.

대부분의 고래들이 그렇지만 범고래는 고래 중에서도 특히 모성애와 가족애가 강한 것으로 유명하다. 암컷은 새끼를 낳기 전까지, 수컷은 평생 어미 곁을 따라다닌다고 한다. 그러다 보니 새끼 고래가 죽으면 그 사체를 오랜 기간 품고 다닐 만큼 어미 범고래의 모성은 사람에 결코 뒤지지 않는다.

수족관에 갇혀 생활했다고는 하나 키스카 역시 어미 범고래였다. 그런데 자신이 낳은 새끼 5마리가 모두 죽었으니 그 슬픔이 어땠을까. 그런 키스카를 위해 다양한 방법으로 위로를 했던 크리스틴.

▲ 죽은 새끼를 물고 다니는 어미 범고래

"키스카가 혼자 남은 걸 보면서 최대한 교감을 많이 하려고 노력했어요. 지하 관람존에 TV를 갖고 내려가서 만화를 보여주기도 하고, 수조 유리에 스펀지를 붙여주기도 했죠. 하지만 밤에는 저도 키스카를 혼자 두고 집에 가야 하니까 그게 너무 슬펐죠. 키스카는 다음 날 제가 올 때까지 수족관을 밤새도록 빙빙 돌곤 했어요."

-크리스틴 산토스(과거 해양 동물 트레이너)-

새끼와 친구들을 잃은 키스카에겐 크리스틴만이 유일한 위로였지만 2012년, 그녀 역시 키스카 곁을 떠날 수밖에 없었다. 크리스틴의 동료이자 연인이었던 동물 보호 운동가 필 데머스가 테마파크에 갇힌 동물들의 열악한 현실을 폭로하면서 테마파크 측이 크리스틴을 해고했기 때문이다.

"퇴사가 아니라 해고였어요. 제가 필의 여자친구라는 사실은 도움이 안 됐겠죠. 정말 힘들었던 게 그날이 아직도 생생하거든요. 해고 통보를 받고 짐을 싸서 나가는데 매니저에게 키스카와 작별 인사만 해도 되겠냐고 물어봤던 기억이 나요. '아니, 안돼'라고 했어요. 그래서 그대로 나갔고, 그게 끝이에요. 마음의 정리조차 못 했죠."

-크리스틴 산토스(과거 해양 동물 트레이너)-

그렇게 크리스틴마저 떠난 뒤 또다시 홀로 남겨진 키스카는 2023년까지 무려 11년을 좁은 수조 속에서 외로이 버텼다. 그것이 얼마나 고통스러울지를 누구보다 잘 알고 있었기에 늘 마음속으로 키스카를 그리워했던 크리스틴. 키스카가 보고 싶냐는 우리의 질문에 10년 넘게 참아왔던 눈물을 흘리는 그녀의 모습을 보며 어느새 우리의 마음도 먹먹

해지고 있었다.

"그날 이후 다시는 키스카를 볼 수 없었어요. 수족관에서 올린 사진을
제외하고는요. 키스카가 그립냐고요? 네...언제나요...언제나요.."

-크리스틴 산토스(과거 해양 동물 트레이너)-

결국 2023년 3월, 키스카는 좁은 수조에서 나올 수 있었다. 더 이상
숨을 쉬지 않았던 것이다. 테마파크 측은 키스카의 공식적인 사망원인
을 밝히지 않았다.

"키스카가 죽은 원인은...아마도 외로움이 아닐까요.
키스카의 사망 소식을 듣고 저는 오히려 안도했던 것 같아요.
키스카는 이제 외롭지 않을 테니까요. 더 이상 혼자 수조를 빙빙 돌일
도 없겠죠. 먼저 죽은 다른 고래들과 같이 있지 않을까. 그래서 전 오
히려 마음이 놓여요. 어떤 동물도 그렇게 혼자 살게 해선 안 돼요. 특
히 키스카처럼 사교적인 아이는요."

-크리스틴 산토스(과거 해양 동물 트레이너)-

수족관이나 테마파크 등에서 범고래 쇼를 관람한 적이 있는 이들이라면 범고래가 얼마나 똑똑한지를 알 것이다. 실제로 범고래는 고래 중에 가장 머리가 좋은 것으로 알려져 있다. 동물들의 지능검사로 종종 사용되는 거울 검사 결과, 범고래는 거울에 비친 자신을 알아보는 것으로 확인되었다. 거울 속 자신의 모습을 인식한다는 건 자신이 어떤 상황에 있는지를 안다는 걸 의미한다.

고래 중에 사회성이 가장 높고 동료 의식이 강해 평생을 같은 무리에서 지내는 것으로 알려진 범고래. 그런 범고래를 홀로 좁은 수조에 가둬 놓은 것은 인간으로 치자면 감옥 중에서도 독방에 가둬둔 것이나 마찬가지이다.

▲ 범고래의 거울 실험 – 거울에 비친 자신의 모습을 인지하는 범고래

"인간은 감옥에 가는 데 이유가 있잖아요. 그런데 이 동물들은 이유가 없어요. 이 동물들은 아무런 잘못도 저지르지 않았어요."

-필 데머스(동물 보호 운동가)-

수조에 머리를 부딪치면서 자해를 했던 키스카의 행동은 제발 이 독방에서 꺼내달라는 애원이었던 건 아닐까.

방송에 담지 못한 이야기

제2의 키스카, 마이애미 해양수족관의 범고래 '로리타'의 죽음

키스카의 죽음이 알려진 후 수족관 고래를 해방하라는 목소리는 더욱 높아졌다. 가장 주목을 받았던 고래는 미국 마이애미의 한 수족관에 있는 범고래 '로리타'였다. 1970년에 미국 퓨젯 사운드에서 포획되어 53년을 갇혀 있던 로리타. 게다가 로리타가 있는 수조는 그 크기가 로리타의 몸의 6배에 불과할 만큼 좁은 데다가 시설도 매우 낡고 더러웠다.

이대로 둔다면 제2의 키스카가 될 것이라며 미국을 비롯한 여러 나라의 동물 보호단체들이 원정 시위를 오기도 했다. 키스카 해방운동을 벌였던 필 데머스 역시 로리타 해방을 촉구하며 마이애미 해양수족관 앞에서 시위를 주도하기도 했다.

　결국 키스카가 사망하고 두 달이 지난 2023년 5월, 마이애미 해양수족관 측은 로리타를 방류하겠다고 약속했다. 미국의 퓨젯 사운드에서 포획했으므로 퓨젯 사운드로 돌려보내는 것이 가장 바람직하다는 의견이 많았지만 53년을 수족관에 갇혀 있었던 로리타를 아무 준비 없이 야생으로 돌려보내는 게 옳은가에 대한 의견도 팽팽히 맞섰다. 야생에 방류하기 전 적응훈련을 할 수 있는 곳으로 아이슬란드에 있는 고래 생츄어리(Sanctuary, 바다쉼터)가 후보에 올랐지만 생츄어리 측 역시 신속하게 로리타를 받아줄 수 있는 상황은 아니었다. 따라서 필 데머스를 비롯한 동물 보호 운동가들은 방류가 어렵다면 보다 넓고 깨끗한 수족관으로 옮기라고 요청했다. 낡고 더럽고 좁은 수조에서 한낮 기온이 40도를 넘는 마이애미의 기온을 로리타가 더 이상 견디기 힘들다고 판단했기 때문이다. 하지만 마이애미 해양수족관 측은 묵묵부답이었고 결국, 방류를 약속한 지 3개월이 지난 8월18일, 로리타는 좁고 낡고 더러운 수조 안에서 53년의 생을 마감했다.

살인 고래 틸리쿰

　야생의 범고래는 최대 시속 56킬로미터의 속도를 낼 수 있고 하루에 무려 225킬로미터를 이동한다고 한다. 그런 범고래를 20미터도 안 되는 수족관에 수십 년을 가둬두면 어떤 일이 생길까. 키스카처럼 머리를 수조에 부딪치며 자해를 하는 고래도 있지만, 사람을 공격하는 고래도 있다.

　2009년, 미국에서 가장 유명한 해양 테마파크에서 벌어진 참혹한 사건.

　조련사와 함께 쇼를 하던 범고래 '틸리쿰'이 조련사 던 브랜쇼의 머리를 물고 물속으로 끌고 들어가 이리저리 돌아다니던 끝에 조련사를 죽게 만들었다.

▲ 범고래 틸리쿰과 조련사 던 브랜쇼

"틸리쿰은 마치 전시하듯 던을 물고 풀장을 돌아다니더니 던을 수조
벽에 몰아넣은 후 박치기를 계속했어요. 잔혹했죠."

-제프리 벤트리(과거 던의 동료 조련사)-

14년 동안 틸리쿰과 함께 공연했을 만큼 숙련된 조련사였던 던이었
지만 갑자기 돌변한 틸리쿰을 막을 수 없었다. 더욱 놀라운 건 던을 살
해한 범고래 틸리쿰이 그전에도 이미 2명의 사람을 살해했다는 사실
이다.

1983년 아이슬란드에서 3~4세로 추정되는 나이에 잡혀 와 수족관
을 떠돌며 쇼를 했던 틸리쿰. 미국의 해양 테마파크에 팔리기 전까지
캐나다의 한 수족관에서 쇼를 했던 틸리쿰은 1991년 '켈티 번'이라는 조
련사를 살해했다. 그리고 1999년 '다니엘 듀크스'라는 남성이 틸리쿰
이 있는 수족관에서 신체가 훼손된 채 변사체로 발견되었던 것이다. 이
미 2명을 살해한 전력이 있는 틸리쿰이 왜 계속 수족관에서 쇼를 했던
걸까.

"테마파크 측은 91년에 죽은 켈티 번도, 99년에 죽은 다니엘 듀크스도
틸리쿰이 죽인 게 아니라 몸이 미끄러져 수족관에 빠진 후 익사했다
고 주장했어요. 2009년 던이 사망했을 때도 마찬가지였죠."

-제프리 벤트리(과거 던의 동료 조련사)-

하지만 던은 관객들이 지켜보는 도중 틸리쿰에게 끌려들어 갔고, 그
과정을 관객들이 고스란히 보고 있었으므로 테마파크의 변명은 통하지
않았다. 따라서 그 이후 틸리쿰은 쇼에 동원되지 않았고 더 이상의 살

인은 없었다. 인간을 공격하고 살인을 한 범고래가 과연 틸리쿰뿐이었을까.

던이 틸리쿰에게 살해당하기 두 달 전, 스페인의 한 수족관에서 크리스마스 쇼를 준비하던 조련사 알렉시스가 범고래에게 물려 사망했고, 2006년 미국 캘리포니아주의 또 다른 해양 테마파크에서는 범고래 카사카가 훈련 도중 조련사의 발을 물고 물속으로 끌고 들어간 사건이 발생했다.

▲ 조련사의 발을 물고 물속으로 끌고 들어간 범고래 카사카

천만다행으로 카사카가 입을 벌린 순간 조련사가 침착하게 발을 빼서 물 밖으로 도망쳐 나온 덕분에 목숨은 건졌지만, 수족관 범고래가 사람을 공격하는 사건을 끊이지 않고 있다. 최근까지 알려진 사례만 150건이 넘는다.

킬러 웨일이라 불리는 만큼 범고래가 원래 공격성이 강한 고래라서 그런 걸까.

전문가들은 야생의 범고래는 사람을 공격한 적이 없다고 입을 모은다. 사람을 공격하는 건 오직 수족관의 범고래들에게서만 나타나는 특성이라는 것이다.

수족관 범고래는 왜 사람을 공격할까

범고래는 크게 2종류로 나뉜다. 정주성 범고래와 이동성 범고래다. 정주성 범고래는 한곳에 정착해 무리를 이루며 청어를 비롯한 물고기들을 먹고 산다. 이동성 범고래는 계속 이동을 하며 물범이나 물개들을 사냥해 먹고 산다. 사는 지역과 문화에 따라 천차만별인 문화를 가진 인간처럼 범고래 역시 사는 지역에 따라 다른 문화를 가지고 있다.

우리가 노르웨이에서 만난 범고래는 청어를 주로 먹고 사는 정주성 범고래였다. 눈과 턱, 옆구리에 흰 반점이 있는 귀여운 모습은 수족관에 사는 범고래와 다르지 않았지만 가장 큰 차이점은 범고래를 대표하는 특징인 삼각형의 등지느러미였다. 최대 1.8미터에 이를 만큼 거대한 등지느러미는 멀리서도 범고래가 나타났음을 알 수 있을 만큼 꼿꼿하게 서 있었다. 하지만 수족관 범고래들의 등지느러미는 상당수가 휘어져 있다. 너무 좁고 얕은 수족관 환경 때문이다.

"틸리쿰이 지내던 수조는 틸리쿰의 몸길이보다 깊이가 낮았어요.

수심이 얕다 보니 수족관에 사는 범고래는 잠수할 수가 없어요. 그래서 항상 물 표면에 통나무처럼 떠 있죠. 따라서 하루 종일 햇볕을 쬐고 있을 수밖에 없다 보니 등지느러미의 콜라겐이 열에 녹으면서 쓰러지기 시작합니다. 1~2도만 열이 올라도 단백질이 변질되며 약화되거든요."

-제프리 벤트리(전 조련사)-

▲ 수족관에 갇힌 범고래의 변형된 등지느러미

▲ 노르웨이의 바다에 사는 야생 범고래의 등지느러미

노르웨이를 비롯해 범고래가 사는 바다는 대부분 극지방과 인접한 차가운 해역이다. 그런데 틸리쿰이 있었던 해양 테마파크를 비롯해 범고래 쇼로 유명한 수족관들이 위치한 지역은 하루 종일 강한 햇볕이 내리쬐는 기후를 가진 지역이다. 차갑고 깊은 물 속에 사는 범고래에겐 더없이 고통스러운 환경이었을 것이다.

킬러 웨일이라 불릴 만큼 사냥 능력이 뛰어난 범고래.

청어 사냥을 하는 모습은 실로 감탄이 절로 나올 정도였다. 무리가 함께 청어 떼를 둘러싼 후, 일제히 공기 방울을 내뿜어 청어를 한 곳으로 몬 후, 꼬리로 청어를 내리쳐 기절시킨 후에 기절한 청어를 낚아채 먹는다.

타고난 사냥꾼인 데다가 무리지어 사냥을 하는 모습이 범고래가 얼마나 사회성이 강한 동물인지를 보여준다. 하지만 수족관에서는 사냥은 커녕 인간이 주는 죽은 고기를 굶어 죽지 않을 만큼만 받아먹는다.

"사육동물이 공연하게 하려면 항상 배고픔 직전의 상태를 유지시켜야 하거든요. 그래야지 먹이를 위해서 말을 들으니까요."

-제프리 벤트리(전 조련사)-

고래 중에 가장 똑똑한데다가 지극한 모성을 지녔고 사회성이 높아 평생을 무리 지어 살며 하루 200킬로미터가 넘는 거리를 누비며 킬러 웨일이라 불릴 만큼 사냥 실력이 뛰어난 범고래를, 좁은 수조 안에 수십 년 가둬 놓고 굶어 죽지 않을 만큼의 먹이만 주며 매일 수 차례 공연을 시키는 잔인한 행위가 결국 범고래로 하여금 인간을 공격하게 만드

는 비극을 초래했다는 것이다. 그렇다면 그 비극은 언제, 어디서 시작
이 된 걸까.

▲ 청어 떼를 사냥 중인 범고래 무리

범고래 포획의 역사

기름이나 고기 때문이 아니라 구경하기 위해 범고래를 포획하게 된 건 우연히 시작된 일이었다고 한다. 1964년, 캐나다 밴쿠버에서 포획한 범고래가 작살을 맞고도 죽지 않아 산 채로 가두어 두었는데 사람들이 이 범고래를 구경하기 위해 몰려들었다. '모비돌'이란 이름까지 붙여 준 이 범고래는 그 후 87일을 더 살았다고 한다. 모비돌로 인해 사람들이 범고래를 좋아한다는 사실을 알게 된 포경업자들은 그때부터 범고래 포획에 나섰고, 잡은 범고래를 수족관에 팔기 시작했다. 당시 돈으로 한 마리에 5천 달러, 지금으로 따지면 5천만 원이 넘는 가격이었다고 한다. 1970년대 들어서면서 범고래의 가격은 5배로 뛰었고 더 많은 범고래를 잡기 위해 포획방식은 점점 잔인해져 갔다.

"범고래를 몰기 위해서 배 엔진으로 굉음을 내기도 하고 물개 폭탄을 쓰기도 했어요. 물개 폭탄이란 일종의 방수 폭죽으로 어부들이 물개를 쫓아낼 때 쓰던 거죠. 갑자기 쾅 하고 터지거든요. 이 소리에 범고래들이 놀라면 그때 얕은 만으로 몰이해서 잡는 거죠."

-제프 포스터 박사(동물 보호 운동가, 과거 범고래 포획자)-

당시 범고래 포획의 중심지는 미국 워싱턴 주 서부에 있는 '퓨젓 사운드(Puget Sound)'였다. 포획된 범고래 대부분은 생후 5년이 채 안 된 새끼 범고래였다. 새끼 범고래도 크기가 4미터가 넘는 만큼 더 큰 범고래는 포획도 어렵지만 운반이 불가능했기 때문이다.

모성이 강하기로 유명한 범고래에게 새끼를 빼앗는 일은 결코 쉽지 않았다. 그 과정에서 새끼를 빼앗기지 않기 위해 끝까지 반항하던 어미 고래들이 죽어갔고 그 사체들이 해안가로 떠밀려오면서 포획과정의 잔인함이 알려지기 시작했다. 그로 인해 범고래 포획을 반대하는 시위가 이어지면서 캐나다와 미국에서는 고래포획 금지에 관한 법안이 통과되었고 1976년 이후, 포획이 금지되었다. 그러자 포획업자들이 찾아낸 새로운 사냥터가 아이슬란드였다.

세상에서 가장 외로운 범고래라 불린 '키스카'도, 살인 고래로 악명을 떨친 '틸리쿰'도, 영화 프리윌리의 주인공으로 유명한 '케이코'도 모두 이 시기에 아이슬란드에서 포획된 범고래였다.

1976년부터 1990년까지 14년간 아이슬란드에서 계속된 범고래 포획으로 총 59마리의 범고래가 잡혔다. 그중 48마리는 전 세계 수족관으로 팔려나갔다고 한다. 대부분 생후 5년 이하의 새끼 범고래였다. 평생을 무리 지어 사는 범고래들 입장에서는 인간이 자신들의 새끼를 유괴해간 것이나 다름없는 일이었다.

20년간 범고래 포획에 종사했던 제프 포스터 박사가 그 일을 그만두고 고래 보호 운동가로 변신하게 된 것도 어미와 떨어진 새끼 고래의 애절한 울음소리를 듣고 나서였다고 한다.

"어미 고래와 새끼 고래를 분리하면 그들이 내는 울음소리가 있는데 그 울음소리가 제겐 트라우마가 됐어요. 굉장히 독특한, 절규에 가까운 소리였어요. 아직도 그 소리가 귀에 울리는 것 같아요."

-제프 포스터 박사(동물 보호 운동가, 과거 범고래 포획업자)-

한창 엄마에게 어리광을 부릴 나이에 강제로 가족과 떨어져 좁은 수조에 갇혀 살며 두려움과 그리움을 견뎌야 했을 새끼 고래들. 수십 년간 굶주림에 지치고, 지느러미가 변형되는 고통을 견뎌가며 인간을 위해 쇼를 해야 했던 그들의 분노가 야생에서는 없던 공격성을 만들어낸 것이다.

전 세계에 울려 퍼지고 있는 'FREE THE WHALE'

틸리쿰의 살인으로 인해 범고래를 비롯한 고래 전시사업에 대한 인식이 변하기 시작하면서 전 세계에서 대대적인 고래 해방운동이 펼쳐지기 시작했다.

현재 전 세계 수족관에 갇혀 있는 고래류는 약 3,600마리로 추정된다. 범고래를 비롯한 벨루가와 돌고래들이다. 게다가 아직 일본과 미국을 비롯한 여러 나라에서 범고래 쇼도 계속되고 있다. 동물 전시사업에 대한 비판의 목소리가 높아지면서 동물원이나 수족관들이 하나둘 문을 닫고 과거에 비해 찾는 이들의 발길도 줄고 있지만 여전히 동물 전시사업은 아이들의 교육이라는 명목하에 계속되고 있다.

고래를 좋아해 그와 관련된 일을 하는 사람들에게 언제부터 고래를 좋아했냐고 물으면 대부분 어렸을 때 수족관에서 고래를 본 이후로 사랑에 빠지게 되었다 라는 말을 하곤 했다. 참으로 아이러니한 일이 아닐 수 없지만 그럴 수밖에 없는 건, 대부분의 나라에서 고래를 볼 수 있는 유일한 방법은 수족관이 전부기 때문이다.

아이들의 교육을 위해서 수족관은 필요한 것이 아니냐는 일부의 주장은 여전히 남아 있다. 그에 대한 대답으로 캐나다의 동물 보호 운동가인 마케타 슈스타로바가 했던 말이 오래도록 기억에 남았다.

> "50년, 30년 전이면 이해를 할 수도 있겠어요. 하지만 우리는 이제 정말 스마트한 사회에 살고 있고 소셜미디어와 인터넷을 통해서 모든 사실을 배울 수 있고 고래들이 야생에서 살아가는 영상들을 볼 수 있어요. 그건 수족관에 갇힌 고래들을 보는 것보다 훨씬 즐거운 일이에요."
>
> -마케타 슈스타로바(동물 보호 운동가)-

물론 고래전시 사업을 규제하는 법안을 만들고 실행 중인 나라들도 많다. 키스카 때문에 시작된 캐나다의 고래 해방운동은 동물 보호 운동가 필 데머스의 노력에 힘입어 2019년, 고래 사육금지 법안을 통과시켰다. 이미 수족관에 있는 고래는 어쩔 수 없지만 더 이상 새로운 고래를 수입해 오거나 교배를 시켜 출산을 하는 행위를 금지한 것이다.

우리나라 역시 지난 2022년 12월부터 시행된 '야생동물 보호 및 관리에 관한 법률'에 의거해 더 이상 새로운 고래들을 수입할 수 없게 되었고, 2023년 12월부터 시행된 '동물원 및 수족관의 관리에 관한 법률'로 동물원이나 수족관에서 고래를 만지거나 먹이를 주는 체험활동 등을 금지했다.

현재 우리나라의 수족관에 있는 고래는 방송 직전까지 총 21마리. 큰돌고래 16마리와 벨루가 5마리다. 큰돌고래의 경우 일본에서 수입했거나 수족관에서 출산한 경우고, 벨루가는 러시아에서 수입을 해왔다고 한다. 우리나라 역시 수족관 고래들을 풀어주라는 목소리가 높아지고 있는 만큼 돌고래 방류사업이 지속적으로 실행되고 있고 머지않아 제주도에 고래들을 위한 바다쉼터도 조성될 예정이라고 한다.

하지만 벨루가는 주로 북극해처럼 차가운 바다에 사는 고래이므로 우리 바다에 방류할 수 없다. 그렇다고 원래 살던 곳으로 돌려보내는 것 역시 바람직한 방법은 아닐 수 있다는 의견도 많다. 너무 어릴 때 포획이 되어 평생 수족관에 갇혀 살았던 만큼 야생으로 돌려보냈을 때, 적응하지 못해 폐사하는 경우가 많기 때문이다. 물론 고래 입장에서는 단 하루를 살더라도 자유롭게 살고 싶지 않겠느냐는 주장도 있지만 그 역시도 철저히 인간의 시각에서 본 것에 불과하다.

만약 고래와 대화할 수 있는 날이 온다면 수족관 고래들과 가장 먼저 대화를 해야 하지 않을까. 물론 물어보기 전에 진심으로 사과부터 해야 하겠지만.

방송에 담지 못한 이야기

하와이 마우이섬의 고래상영관

　우리가 촬영을 하러 갔던 지역 대부분은 고래관광(Whale Whatching)선이 운영되는 지역이었다. 과거엔 포경의 중심지였고 고래 전시사업을 위한 포획의 중심지였지만 이젠 고래관광을 통해 또 다른 수익을 창출하고 있다. 포경이나 전시사업을 위한 포획보다는 고래에게도 사람에게도 훨씬 즐겁고 행복한 일이다.

　하지만 장점만 있는 것은 아니다.
　관광객들이 지나치게 많이 몰릴 경우 고래들에게 또 다른 피해를 줄 수 있고 모든 사람이 고래관광을 즐길 수 있을 만큼 비용이 저렴하진 않다. 고래관광선이 운영되는 지역에 사는 이들을 제외하고는 고래관광을 하는 곳까지 찾아가는 여정 또한 만만치 않다. 수족관이 여전히 아이를 둔 부모들에게 인기가 있는 것은 바로 그 때문일 것이다.

　수족관처럼 누구나 쉽게 갈 수 있으면서 고래관광처럼 야생에서 마음껏 헤엄치는 고래들의 경이롭고 아름다운 모습을 볼 수 있는 방법은 없을까. 어딘가에는 그게 가능한 곳이 있을 것만 같았다. 그래서 자료조사를 하던 중 찾아낸 곳, 바로 하와이 마우이섬에 있는 오션센터의 'Humpbacks of Hawaii' 상영관이었다.

▲ 출처 : MAUI OCEAN CENTER

　2019년 2월에 개장한 곳으로 3D 안경을 쓰고 들어가 초고화질로 촬영한 혹등고래들의 영상을 보는 곳이다. 동그란 구 모양으로 된 지름 17.7미터의 대형 스크린을 통해 실물 크기의 혹등고래들이 역동적으로 뛰노는 모습과 아름다운 노래를 마치 바닷속에 있는 것 같은 기분으로 감상할 수 있다.

▲ 출처 : MAUI OCEAN CENTER

　이런 상영관이야말로 수족관이나 고래관광의 장점을 합친 가성비 좋은 고래와의 만남이라는 생각이 들었다.

방송에 소개한다면 우리나라에도 이런 상영관이 곧 생기지 않을까 하는 기대도 컸던 게 사실이다. 그런데 촬영을 마치고 돌아온 지 1주일이 지난 후, 2023년 최악의 참사 중 하나로 꼽히는 하와이 화재가 발생했다. 지상낙원이라 불리는 마우이섬의 건물 2천 2백 채를 불태우고 최소 100명의 목숨을 앗아간 대형참사.

우리가 촬영한 마우이 오션센터는 다행히 화마를 피했지만, 잿더미가 된 마우이섬을 지켜보며 우리는 마우이 오션센터를 방송에서 빼기로 결정했다. 화재로 인해 폐허가 된 마우이를 미래의 수족관을 대신할 고래상영관을 가진 아름다운 섬으로 소개할 수는 없었기 때문이다. 하루빨리 마우이가 과거의 모습을 복원하기를 바라며 혹시라도 하와이 마우이섬에 갈 기회가 생기신다면 꼭 들러보시길 바란다.

하와이뿐만 아니라 스페인의 팔마와 미국의 캘리포니아에도 비슷한 상영관이 있다. 팔마의 상영관은 하와이처럼 혹등고래를, 캘리포니아 상영관은 대왕고래 영상을 상영한다.

▲ 팔마 수족관의 고래상영관 / 출처: AquaDome: Una experiencia única en Europa

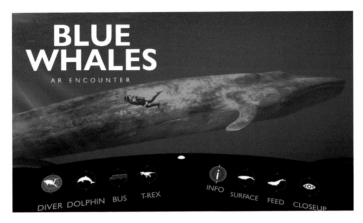

▲ 캘리포니아의 고래상영관 / 출처: California Science Center

　관람객들의 감상평을 살펴보면 모두 진짜 바닷속에서 고래를 만나는 느낌이었다고 한다. 3D는 물론 4D 상영관까지 있는 우리나라에도 빠른 시일내에 이런 상영관이 생기길 기대해본다.

2. 끝나지 않은 비극

페로제도의 그라인다 드랍

어릴 때 가족들과 생이별을 한 채 아무 죄 없이 평생을 독방에 수감된 채 살아가는 것과 가족들과 함께 집단처형을 당하는 것 중에 무엇이 더 고통스러울까.

끔찍한 상상이지만 고래를 취재하면서 하게 된 생각이었다.

인간이 고래에게 행한 일들이기 때문이다. 1986년 IWC에 의해 상업포경이 금지된 지 벌써 37년이 흐른 2023년, 우리는 차마 믿기 어려운 광경을 보고 말았다.

덴마크령인 페로제도의 앞 바다.

수십 척의 배가 바다에서 들쇠고래 떼를 몰고 해안가로 오면 해안가에서 기다리고 있던 한 무리의 사냥꾼들이 작살을 들고 다가와 우왕좌왕하는 들쇠고래 떼를 사정없이 죽인다. 고래들이 흘린 피로 해안가는

붉게 물들고 말 그대로 피바다로 변한다. 7백 년 넘게 전통이라는 이름
으로 매년 7월에서 9월 사이 수천 마리의 고래들을 사냥하는 페로인들
의 축제 '그라인다 드랍'이다.

간신히 살아남은 고래들은 차마 도망가지 못하고 주변을 맴돌고 있
었다. 가족들이 흘린 피로 붉게 변하는 바다를 보면서 말이다.

조금 전까지만 해도 함께 헤엄치던 가족들이 눈앞에서 피를 흘리며
죽어가는 걸 보는 심정이 어땠을까. 한 지역에서 이렇듯 많은 수의 고
래를 한 번에 몰살시킨 건 과거 상업 포경 시대에도 없었을 만큼 잔인
한 기록이었다.

"2021년 9월 12일에는 하루 만에 1,428마리가 살육당했어요. 역사상
가장 잔혹한 고래 학살 사건이었죠. 온 가족이 떼죽음을 당하는 겁니

다. 나이가 많든 적든 상관없이, 심지어 임신을 한 고래도 학살합니다. 그중 몇 마리는 죽기 전에 온 가족이 살해당하는 걸 지켜봤을 거예요.”

-로버트 리드(해양 동물 보호 운동단체 총책임자)-

‘그라인다 드랍’은 과거 외딴섬 페로제도에 자리 잡은 주민들에게 유일한 단백질 섭취원이 고래였기에 시작된 합동 사냥이었다고 한다. 생존을 위해 어쩔 수 없이 한 선택이 시간이 흐르면서 전통 의식으로 변해갔고, 고래 외에 단백질 공급원이 풍부한 오늘날까지 이어져 온 것이다. IWC 회원국이 아니면 포경을 막을 수 없는 탓에 페로제도의 고래 사냥은 전 세계의 비난 여론에도 불구하고 여전히 진행 중이다. 이를 막기 위해 국제 환경단체 회원들이 사냥의 과정을 기록해 그 참상을 공개하고 있지만 이들은 자신들의 사냥은 학살이 아닌 전통이라고 주장한다. 페로에서 고래사냥은 합법이고 가능한 한 고래들을 덜 고통스러운 방법으로 죽이고 있으며 사냥을 통해 식량을 확보하고 주민들의 공동체 의식을 확인한다는 것이다.

“요즘 페로에서 행하는 고래사냥은 스포츠나 다름없어요. 전혀 문화적인 행위가 아닙니다. 사냥방식도 전통적인 어선이 아니라 스포츠용 어선과 제트스키를 사용하죠. 페로제도는 부유한 국가예요. 1인당 수입이 세계 12위에 달합니다. 생존을 위해 고래를 사냥하는 게 아닙니다.”

-로버트 리드(해양 동물 보호 운동단체 총책임자)-

그걸 증명하는 충격적인 장면. 죽은 고래들을 잔뜩 실은 차가 절벽 앞에 도착하더니, 차에 실린 고래 사체들을 그대로 바다에 버리고 있었다.

식량을 확보하기 위해 고래를 죽인다고 했지만, 죽은 고래들은 페로 사람들의 식탁이 아닌 바다에 쓰레기로 버려지고 있었다. 죽은 고래들을 바다에 버리는 것 또한 페로의 전통인 걸까.

"다른 것들을 학대하는 것에 대한 변명으로 전통을 운운하는 것은 절대 용납할 수 없습니다. 한때는 노예제도가 전통이었습니다. 한때는 남자들만 투표할 수 있는 것이 전통이었습니다. 우리가 폭력적이고 끔찍한 전통에 맞서지 않으면 아무것도 변하지 않을 것입니다."

-사무엘 로스퇼(해양 동물 보호단체 활동가)-

먹지도 않는 고래를 죽이는 것도 황당하지만, 먹기 위해서 잡는 것도 당장 중지해야 한다는 것이 이들의 생각이다. 과거엔 생존을 위해 먹었다지만, 이제 고래 고기는 생존을 위해서라도 절대 먹지 말아야 할 고기 중 하나기 때문이다. 특히 페로제도에서 주로 사냥하는 들쇠고래 같은 이빨고래의 경우 몸속에 축적된 오염물질은 심각할 만큼 위험하다. 플랑크톤이나 작은 물고기들을 먹는 수염고래에 비해 더 큰 물고기나 다른 해양포유류를 잡아먹고 살다 보니 먹이사슬의 가장 꼭대기에 위치한 최상위 포식자로 오염물질이 가장 많이 축적되기 때문이다. 실제로 바다의 최상위 포식자로 알려진 범고래의 경우 해양 오염물질로 인한 심각한 피해들이 속속 드러나고 있다.

방송에 담지 못한 이야기

고래 고기 먹어도 될까

새끼 보리고래의 부검 결과 – 잔류성 유기 오염물질 검사 결과

부안 새끼 보리고래의 부검 당시 다양한 분야의 전문가들이 각종 검사를 했었다. 그중 하나가 한양대학교 문효방 교수와 목소리 연구원이 했던 '잔류성 유기 오염물질' 검사다. 고래의 몸속에 남아 있는 독성물질을 검사하는 것이다.

잔류성 유기 오염물질 중에 대표적인 것은 PCBs(polychlorinated biphenyls).
살충제나 접착제, 전기 절연체, 단열재 등에 널리 쓰이던 물질이지만 포유류에 독성이 있는 데다 잘 분해되지 않는다는 사실이 알려지면서 1980년대 이후에는 생산이 금지된 물질이다. 그런데 그 물질이 새끼 보리고래의 몸에서 검출된 것이다.

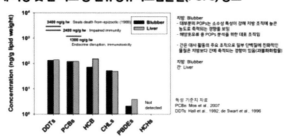

▲ 출처: 한양대학교 휴먼 생태분석 연구실 분석 결과

태어난 지 1년 남짓한 새끼 고래의 몸에 이런 독성물질이 있다는 건 무슨 의미일까.

> "저희가 주목하는 거는 새끼 고래의 몸에서 검출된 잔류성 유기 오염물질이 어미 고래로부터 전달받았다는 사실이죠. 또한 먹이 섭취를 시작했는데 그 물질이 검출되었다는 건 여전히 해양생태계가 오염되어 있다는 것을 보여주는 겁니다. 규제한 지 수십 년이 지난 지금도 고래의 몸에서 검출되고 있다는 건 그만큼 잔류성이 높다는 거죠. 없어지지 않습니다. 우리 바다는 그렇게 안전하지 않습니다."
>
> -문효방 교수(한양대학교 해양 융합공학과)-

고래가 먹는 건, 사람도 먹는다. 고래의 몸속에서 잔류성 유기 오염물질이 검출되었다는 건 고래와 같은 수산물을 먹는 우리의 몸속에도 그 물질이 있을 수 있다는 얘기다. 하지만 사람을 대상으로 잔류성 유기 오염물질의 독성이 미치는 영향을 조사할 수 없기 때문에 사람과 유사한 고래를 대상으로 한 연구가 계속되고 있다.

▲ 출처: 동아사이언스(좌), 연합뉴스(우)

특히 고래 중에서도 최상위 포식자인 범고래의 몸에는 PCBs가 고농도로 축적되므로 범고래를 통해 PCBs의 피해를 연구한 결과, 불임을 유발할 가능성을 발견했다고 한다.

북극과 남극 등 비교적 오염이 덜한 지역을 제외하고 일본 동북부와 브라질, 태평양 동북부, 지브롤터 해협 등에서 범고래 무리의 개체 수가 절반 이하로 급감했다. 전문가들은 PCBs가 생식능력에 악영향을 미친 결과로 추정하고 있다.

> "생식기능에 영향을 주게 되면 다음 세대의 출산에 영향을 주게 되고 다음 세대가 태어나더라도 핸디캡이 있거나 장애를 가지게 되면서 불임이 되기도 합니다. 고래한테서 나타나는 오염물질은 반드시 사람에게 나타납니다. 그게 중요한 메시지거든요."
>
> -문효방 교수(한양대 해양 융합공학과)-

고래와 그들

④ 고래 보호에 인생을 건 사람들 – 씨 셰퍼드와 폴 왓슨 재단

우리나라는 물론이고 세계에는 수많은 환경 보호 단체가 있다. 그 단체 중에 '테러리스트' 혹은 '해적'이라 불리는 곳이 있다. 1977년 설립된 '씨 셰퍼드(Sea Shepherd)'다. 국제 환경보호단체로 유명한 그린피스의 초창기 멤버인 폴 왓슨 (Paul Watson)이 설립한 해양 환경보호단체로 매우 과격하고 공격적인 행동을 하는 것으로 알려져 있다. 대표적인 것이 고래를 비롯한 해양 동물보호 활동인데 자체적으로 보유한 선박 10척과 여러 개의 소형보트로 포경선을 공격한다.

상업 포경이 금지된 이후에도 여전히 포경을 하고 있는 일본과 아이슬란드 등의 포경선이 주된 공격 대상인데 이들이 공격해 침몰시킨 포경선만 여러 척이다.

▲ 씨 셰퍼드가 침몰시킨 아이슬란드 포경회사 크발뤼르의 선박 2척

이로 인해 설립자인 폴 왓슨은 체포되어 실형을 살기도 하고 몇몇 나라에 선 입국 금지 대상자로 지정돼 있다고 한다. 2018년까지 일본 포경선으로부 터 6천 마리 이상의 고래를 구했다고 알려졌지만 씨 셰퍼드의 과격한 방식은 강한 비판을 받았고 일부에서는 이들이 해적과 다를 바 없다고 비난하기도 했다.

우리나라를 비롯해 세계 60여 개의 지부를 둘 정도로 대규모의 국제단체 지만 설립자인 폴 왓슨의 과격한 행동 때문에 비난 여론이 높아지면서 2023 년 설립자인 폴 왓슨이 씨 셰퍼드를 나와 '폴 왓슨 재단'이라는 또 다른 해양 환경단체를 설립했다.

우리가 아이슬란드에서 만난 로버트 리드는 씨 셰퍼드 영국 지부장으로 활동하다가 폴 왓슨 재단에 합류한 환경 운동가다. 씨 셰퍼드 시절부터 이들 은 다양한 고래 보호 활동을 이어오고 있다. 대표적인 것이 일본과 아이슬란 드, 페로제도에서 벌어지는 포경을 감시하고 제지하는 것이다. 이들의 활동 을 통해 페로제도의 참혹한 고래사냥 축제 '그라인다 드랍'과 일본 '다이지'의 잔인한 돌고래 사냥, 아이슬란드의 포경회사 '크발뤼르'의 불법 포경 행태가 세계에 알려졌다.

▲ 로버트 리드와 사무엘 등이 아이슬란드에서 크발뤼르(포경회사)의 포경 활동을 감시하는 모습

아이슬란드에서 만난 로버트 리드를 비롯한 회원들은 대부분 각자 직업을 가지고 있지만 포경 감시를 위해 휴가를 내고 달려올 정도로 고래 보호 활동에 진심인 사람들이었다. 그들이 이토록 고래 보호에 인생을 건 이유는 무엇일까.

"고래는 스스로를 방어할 수 없습니다. 또한 고래를 대신해서 말하는 사람들이 많지 않습니다. 그래서 우리 같은 사람들이 필요합니다. 약한 존재를 보호하는데 제 인생을 할애하는 것은 제 인생의 가장 큰 영광입니다."

-사무엘 로스튈(해양 동물 보호단체 활동가)-

"고래가 보호되어야 하는 이유는 고래잡이의 잔인함 때문만이 아닙니다. 고래가 우리 행성에서 잘못되고 있는 것을 해결할 수 있는 해결책 중에 하나이기 때문입니다."

-로버트 리드(해양 동물 보호단체 총책임자)-

단지 경이롭고 신비한 동물이어서, 인간을 너무나 닮은 동물이어서 고래를 좋아하고 보호하자는 것이 아니었다. 취재 도중 우리가 만난 수많은 전문가와 환경단체 회원들은 물론, 고래를 좋아하고 고래 보호에 목소리를 높이던 이들에게 가장 많이 들었던 말이 바로, 이 내용이었다.

"고래를 살리는 것이 결국은 지구를 살리는 것이고, 그 지구에 사는 우리를 살리는 것이다."

그것이 우리가 전하고 싶은 가장 중요한 메시지였다.

3. 기후 위기의 동료, 고래

고래 한 마리의 가치가 106억 원?

고래를 취재하면서 우리가 경제학 전문가를 찾아가게 될 줄은 몰랐다. 25년간 IMF 부국장을 역임한 세계적인 경제학자 랄프 차미.

고래만 쫓아다녀도 모자라는 시간에 단 2시간의 인터뷰를 위해 워싱턴까지 그를 만나러 가게 된 이유는 단 하나였다. 사람들에게 누구보다 명쾌하게 고래의 가치와 보호의 필요성에 대해 설명해줄 수 있는 사람이었기 때문이다.

"제가 하고 싶은 말은 박애나 도덕, 윤리 같은 문제와 상관없이 우리의 이익을 위해서라도 고래를 구해야 한다는 것입니다. 고래가 우리를 살리고 있으니까요."

-랄프 차미(전 IMF 부국장)-

질문 하나에 무려 1시간을 쉬지 않고 대답하는 그의 열정 넘치는 답변을 들으며 경제학자인 그가 왜 고래를 주제로 연구를 하고 논문을 썼는지를 바로 이해했다. 그리고 속으로 쾌재를 불렀다. 바로 이거다. 고래에 관심 없는 사람들도 고개를 끄덕일 가장 설득력 있는 논리.

"고래가 말을 한다면 무슨 말을 할까요? 아마 제일 먼저 '나를 살려줘'라고 하겠죠. 그런 다음에는 '나한테 진 빚이 있잖아. 내가 하는 일은 공짜가 아니거든'이라고 하지 않을까요? 고래는 기후변화와의 싸움에서 우리를 도와줄 훌륭한 동료니까요."

-랄프 차미(전 IMF 부국장)-

기후 위기에서 우리를 구해줄 동료 고래가 하는 일이란 과연 무엇일까.

바로 탄소 저감 활동이다.

기후 위기를 얘기할 때 빠지지 않고 등장하는 단어, 탄소.
그중에서도 이산화탄소는 지구 표면온도를 높여 온난화를 불러오는 '온실가스'다.

전 지구적으로 탄소를 줄이기 위한 노력이 진행 중이라는 것은 대부분의 사람들이 알고 있을 것이다. 2015년 지구 온난화를 방지하기 위해 온실가스를 줄이자는 전 지구적 합의안인 '파리 협정'[18]이 체결되면서 탄소 중립, 탄소 제로, 탄소 네거티브를 달성하기 위해 탄소 시장[19]이 탄생했다. 다시 말해 탄소에 가격이 매겨지기 시작했다는 것이다.

그런데 고래 한 마리가 최대 33톤의 이산화탄소를 품고 있다고 한다. 그러니까 고래가 없었으면 대기 중에 떠다녔을 33톤의 이산화탄소를 몸속에 보관해 대기로부터 격리해준다는 것이다. 좀 더 쉽게 설명하면 이렇다. 나무가 온실가스라 불리는 이산화탄소를 흡수하고 산소를 내뿜어 지구 온난화를 막는 데 큰 역할을 한다는 건 누구나 아는 사실이다. 즉 육지에서 나무가 하는 역할을 바다에서는 고래가 한다는 얘기다.

> "나무 1그루가 1년에 약 21kg의 이산화탄소를 대기에서 제거해줍니다. 고래 1마리의 시신은 나무 1,500그루만큼의 탄소 흡수 효과를 낸다는 거죠."
>
> —랄프 차미(전 IMF 부국장)—

만약 과거 상업 포경으로 사라진 고래 수가 다시 회복된다면, 매년 16만 톤의 산소를 바닷속에 격리할 수 있는 셈이다. 이 수치는 축구장 2,800개 면적의 숲이 흡수하는 탄소와 같은 양이다.

---

18 국제사회가 함께 공동으로 노력하는 최초의 기후 합의로 지구의 평균 온도상승을 2도 아래로 억제하고 1.5도를 넘지 않도록 하는 것을 목표로 195개국이 참여했다.

19 정부 주도의 규제시장 (CCM, Compliance Carbon Market)과 민간이 주도하는 자발적 탄소 시장 (VCM, Voluntary Carbon Market)이 존재한다.

그렇다면 고래가 줄이는 탄소의 양을 탄소시장에서 거래되는 가격으로 환산한다면 얼마나 될까. 고래 한 마리의 몸에 있는 탄소의 양을 산출하는 법, 탄소를 이산화탄소로 바꾸는 공식, 탄소 시장에서 거래되는 탄소 가격의 변동 추이 등 고래 한 마리의 가치를 돈으로 환산하는 과정과 공식을 1시간 넘게 우리에게 설명해 주었던 랄프차미 전 부국장. 하지만 경제학을 전공했거나 숫자를 매우 좋아하는 사람이 아닌 이상 쉽게 이해하기 어려운 내용들이므로 자세한 설명은 생략한다. 결론만 얘기하자면 이렇다.

"저희가 대왕고래를 연구했던 2019년에는 탄소가 약 25달러였는데 현재는 이 가격의 4배예요. 그러니까 지금은 대왕고래가 최소 8백만 달러(약 106억 원)의 가치를 가지겠죠."

-랄프 차미(전 IMF 부국장)-

물론, 이런 의문이 드실 것이다.

고래가 나무처럼 이산화탄소를 들이마시고 산소를 내뿜는 것도 아닐 텐데 어떻게 106억 원어치의 탄소를 대기로부터 격리시킨다는 것일까. 이제부터 그 설명을 하고자 한다. 이건 경제학이 아닌 과학의 분야다.

탄소 펌프와 고래 낙하

고래가 대기 중의 탄소를 몸에 품어 격리하는 과정, 과학자들은 그걸 가리켜 '탄소 펌프'라고 부른다.

그 시작은 플랑크톤. 크게 식물 플랑크톤과 동물 플랑크톤으로 나뉘는데 식물 플랑크톤은 육지의 식물과 같은 역할을 하는 존재다. 대기에서 만들어진 이산화탄소의 약 40%를 바다의 식물 플랑크톤이 흡수한다. 그리고 이산화탄소를 흡수한 식물 플랑크톤을 동물 플랑크톤이 먹는다. 그러면 동물 플랑크톤의 몸에도 이산화탄소가 저장된다. 그 동물 플랑크톤을 물고기가 먹고, 그 물고기를 고래가 먹는다. 즉, 먹이사슬의 단계가 올라갈수록 몸속에 저장되는 이산화탄소의 양이 증가하므로 바다의 최상위 포식자라 불리는 고래는 가장 많은 이산화탄소를 몸속에 저장하게 되는 것이다.

> "식물 플랑크톤에서 동물 플랑크톤, 동물 플랑크톤에서 어류나 고래로 이어지는 건데 이거를 탄소 펌프라고 부르죠."
>
> -김지훈 박사(극지연구소)-

그 탄소 펌프의 시작과 끝에 고래가 있다.

식물 플랑크톤

동물 플랑크톤
· 어류

탄소 펌프의 첫 단계인 식물 플랑크톤의 주 먹이가 바로 고래가 배설하는 엄청난 양의 똥이기 때문이다. 즉 고래가 줄면 식물 플랑크톤도 줄고, 식물 플랑크톤을 먹고 사는 동물 플랑크톤도 줄고, 동물 플랑크톤을 먹고 사는 물고기들도 줄고, 물고기를 먹고 사는 고래도 줄어드는 악순환이 되풀이되는 것이다. 그러니까 고래를 죽이는 건 탄소 펌프의 작동을 멈추게 하는 결과를 가져오는 것이다.

정상적으로 작동되는 탄소 펌프의 마지막은 '고래 낙하'.

'고래 낙하'란 탄소 펌프를 통해 엄청난 양의 탄소를 몸속에 축적한 고래가 제 수명을 다하고 죽어 1천 미터 이상의 깊은 바닷속으로 가라앉는 현상을 일컫는다. 한 마리당 최대 33톤의 이산화탄소를 품고 바다 깊은 곳으로 가라앉음으로써, 대기로부터 탄소를 격리하는 효과를 가져오는 것이다. 그러니까 고래가 제 수명을 다하지 못한다면 '고래 낙하'를 통한 탄소격리가 이루어지지 못한다는 얘기다.

"포경으로 인해서 고래가 잡힌다거나 해안으로 떠내려 가 가지고 거기서 썩는다거나 그럼 고래 몸속의 이산화탄소는 다시 대기 중으로 날아가겠죠."

-김지훈 박사(극지연구소)-

"고래를 선박으로 쳐서 다치게 해도 고래 몸에 있는 탄소가 감소합니다. 다치면 잘 못 먹으니까요. 잘 먹지 못하면 몸에 탄소를 가둬둘 수 없죠. 또한 잘 먹지 못하면 식물성 플랑크톤을 먹여 살릴 충분한 배설을 하기도 어려워요. 탄소 펌프가 제대로 작동하지 못하는 거죠."

-랄프 차미(전 IMF 부국장)-

고래가 기후 위기에 맞서 함께 싸워줄 동료라고 한 이유가 바로 여기에 있었다. 살아서는 대기의 이산화탄소 중 40%를 흡수한다는 식물 플랑크톤을 먹여 살릴 배설물을 제공하고, 죽어서는 최대 33톤의 이산화탄소를 품고 바닷속으로 가라앉아 대기로부터 이산화탄소를 격리해주는 그야말로 가성비 갑인 존재였던 것이다.

직접 눈으로 보고 싶었다.

제 수명을 다하고 엄청난 양의 탄소를 품고 잠든다는 그 '고래 낙하'를. 그래서 택한 〈고래와 나〉의 마지막 여정은 호주의 코랄 베이였다.

코랄베이

CORAL BAY, AUSTRALIA

고래의 바다라고 불리는 이 맑고 깨끗한 바닷속 깊은 곳에...
쉽게 볼 수 없었던 은밀하고 거대한 죽음이 자리를 잡고 있었다.
긴 삶의 여정을 끝내고 바다 깊은 곳으로 낙하해 바닥에 잠든 고래.
자신의 몸을 온전히 주변 생물들에게 영양분으로 내준 후,
거대한 뼈만 남은 고래의 모습은 숭고함 그 자체였다.

"고래 사체는 최대 50년간 주변 생물들에게 영양분을 공급해요. 바다
생명들이 얼마나 서로 연결되어 있는지 알 수 있죠. 생명은 결국 모두
이어져 있다는 걸 눈으로 확인시켜주는, 정말 아름다운 모습이었어요."

-다니엘 니콜슨(수중 촬영작가, 고래 낙하 현장 최초 발견)-

우리가 감히 근접할 수 없는 깊은 바다 곳곳에 이렇게 잠들어 있는
고래들이 얼마나 많을지는 알 수 없다. 인간이 그 고마움을 알기 이전
부터 고래는 이렇게 자신의 소임을 다하고 장엄한 마지막을 맞았을 것
이다. 어쩌면 그 마지막 모습을 인간에게 보여준 건, 이제라도 깨닫길
바라는 마음 때문이 아니었을까. 뼈만 남은 고래가 왠지 우리에게 말을
건네는 듯한 기분이 들었다.

내가 건강해야 바다가 건강하고, 바다가 건강해야 지구가 건강하다
고. 그리고 그 지구에 살고 있는 당신들이 안전할 거라고.

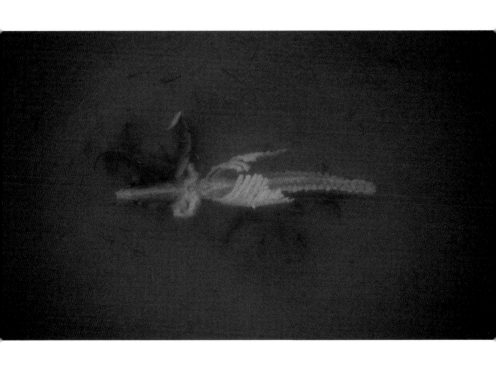

에필로그

다큐멘터리를 제작할 때 늘 하는 얘기가 있다.

'이 이야기의 끝이 어디에서 어떻게 마무리될지는 아무도 알 수 없다.' 다큐멘터리는 아무래도 살아 있는 사람을, 동물을, 자연을 오롯이 카메라에 담는 작업이다 보니 어떻게 변할지 예측할 수 없기 때문이다. 고래는 더욱더 그러리라 예상했다. 그 어떤 것도 감히 예측하고, 계획하고, 고집할 수 없었다. 그럼에도 불구하고 뚜렷한 목표 하나는 있었다.

'고래를 좋아하게 만들자.'

아무리 경고를 하고, 겁을 주고, 설득해도 꿈쩍 않는 사람도 좋아하는 게 있을 때는 적극적으로 움직인다. 환경에 관한 얘기라면 손사래부터 치는 사람들도 고래를 좋아하게 만든다면, 그 고래를 위해 무언가를 할 것 같았다.

〈고래와 나〉 4부작이 그 목표를 달성했는지는 여전히 잘 모르겠다.

우리가 한 얘기들이 과연 고래를 좋아하게 만들 얘기였는가 되돌아본다면 자신 있게 그렇다고 대답하기도 어렵다. 고래를 좋아하게 만들기 위해서 너무 많은 시간 동안 고래만 쳐다보고 고래들의 삶을 조사하고 취재하다 보니 정작 제작진들은 고래를 좋아하는 마음을 잃어버리게 됐다. 마냥 좋아만 하기엔 너무나 미안했고, 되돌려 놓아야 한다는 책임감에 마음이 묵직했기 때문이다.

어릴 적 필독서였던 동화, '아낌없이 주는 나무'가 떠올랐다.

과거 상업 포경 시대에는 잔인하게 학살되면서 인간에게 고기와 기름을 내주고, 전시사업으로 인한 포획의 시대에는 가족들과 생이별한 채 평생을 수족관에 갇혀 살며 인간에게 즐거움을 주고, 이제는 과거의 비극은 모른다는 듯이 야생의 고래를 보겠다며 관광을 오는 인간들에게 경이로운 몸짓으로 감동을 안겨준다. 그리고 죽어서는 지금 인간에게 가장 큰 위협인 탄소까지 저감시켜준다니….

과거에도 현재에도,
살아서도 죽어서도…
고래는 동화 속 아낌없이 주는 나무처럼
인간에게 늘 주기만 한 것이다.
심지어 전 세계를 돌아다니면서 말이다.

"고래는 산타클로스 같은 거예요. 산타클로스는 전 세계를 돌아다니
며 선물을 줘요. 고래도 한 지역의 바다에만 머무르지 않아요. 따라서
고래 한 마리가 사라지는 건, 여러 나라가 받을 선물이 없어지는 것과

같아요."
-랄프 차미 (전 IMF 부국장)-

경이롭고 장엄한 고래의 모습을 오롯이 담아 전달하겠다는 꿈을 꾸며 떠난 21만 킬로미터의 여정. 우리가 본 건 고래만이 아니었다. 고래를 통해 바다를 보았고 바다를 통해 우리가 사는 지구의 아픔을 보았다. 그리고 결국에는 그 지구를 아프게 한 게 바로 우리들이었음을 깨닫게 되었다. 고래로 시작한 이야기가 결국 바다로, 지구로, 그리고 그 지구에 사는 인류로, 그 인류 중 한 명인 '나'로 돌아온 것이다. 이제 그 한 명인 '나'가 움직일 차례다.

"이미 우리는 뭘 해야 하는지를 알고 있어요. 이건 우리가 스스로 만들어낸 상처니까 우리가 치료해야 합니다. 첨단 기술도 있고 전 세계의 똑똑한 사람도 있고 자연도 있죠. 이걸 다 합치면 돼요. 우리는 뭘 해야 하는지 정확하게 알고 있죠. 우리가 만들었으니 우리가 고칠 수도 있어요."
-랄프 차미 (전 IMF 부국장)-

『고래와 나』가 바라는 '나'는 그저 고래를 좋아하는 나가 아닌, '고래를 위해 고래가 사는 바다를 위해, 바다가 있는 지구를 위해 ○○ 하는 나'가 되길 간절히 소망한다. 그것이 고래와 나를 제작한 우리 모두가 꾸기 시작한 새로운 꿈이다.

이 책이 부디 ○○ 속에 채울 말이 무엇인지를 찾는 시작점이 되길 바라며 이제 비로소 고래와 함께 한 여행을 마친다.

홍정아

참고문헌 및 자료

참고문헌 및 자료

1부 우리가 꿈꾸던 머나먼 신비

논문

- \<Francois Sarano 외 10인\>

"*Kin relationships in cultural species of the marine realm: case study of a matrilineal social group of sperm whales off Mauritius island, Indian Ocean.*"

- \<Zoo Biology / By Jackson R. Ham 외 7인\>

"*Playful mouth-to-mouth interactions of belugas (Delphinapterus leucas) in managed care.*"

강연

- \<Tom Mustill and Michael Bronstein\>

"*How to speak whale*"

(*https://youtu.be/bYcYc8bitJA?si=51zity1852FaTsnt*)

- \<Tom Mustill\>

"*Could Chat GPT Talk to Whales*"

(*https://youtu.be/hph9OeKjg3w?si=vBRH5N1kjsKLQw2Q*

"*The Turing Lectures : How to Speak Whale*"

(*https://youtu.be/b4lZZlN_WdM?si=1Hn42Fdl9d7Rj98T*)

책

"*How to Speak Whale*"

사진

남방큰돌고래, 상괭이 ⓒ *Shutterstock*

지도 ⓒ *Shutterstock*

2부 고래의 노래를 들어라

논문

- <Robert L. Pitman 외 13인>

"Humpback whales interfering when mammal-eating killer whales attack other species: Mobbing behavior and interspecific altruism?"

- <Science | By Erik Stokstad>

"Why did a humpback whale just save this seal's life?"

- <Natural History | By Robert L.Pitman and John W. Durban>

"Save the Seal! Whales act instinctively to save seals."

- <NewScientist | By Joshua Howgego>

"I saw humpback whales save a seal from death by killer whale."

- <Journal of Mammalogy | By Sue E. Moore>

"Marine Mammals as Ecosystem Sentinels."

- <Ailbhe S. Kavanagh, Kylie Owen, Michael J. Williamson,
Simon P. Blomberg, Michael J. Noad, Anne W. Goldizen,
Eric Kniest, Douglas H. Cato, Rebecca A. Dunlop>

"Evidence for the functions of surface-active behaviors in humpback whales (Megaptera novaeangliae)"

- <Josephine N. Schulze, Judith Denkinger, Javier Oña,
M. Michael Poole and Ellen C. Garland>

"Humpback whale song revolutions continue to spread from the central into the eastern South Pacific"

책

- <Jim Darling>

"Hawaii's Humpbacks: Unveiling the Mysteries"

다큐멘터리

- <*Netflix Series | Tom Hardy*>

"*Predators, Polar Bear*"

3부 거대한 SOS

논문

- <*Kimberley R. Miner, Merritt R. Turetsky, Edward Malina, Annett Bartsch,*

Johanna Tamminen, A. David McGuire, Andreas Fix, Colm Sweeney,

Clayton D. Elder & *Charles E. Miller*>

"*Permafrost carbon emissions in a changing Arctic*"

- <*Science Advances | Kelsey Richardson, Britta Denise Hardesty, Joanna Vince, Chris Wilcox*>

"*Global estimates of fishing gear lost to the ocean each year*"

기사

- <*The New York Times*>

"*Why* 23 *Dead Whales Have Washed Up on the East Coast Since December.*"

- <*Eco Watch | Cristen Hemingway Jaynes*>

"*Enough Commercial Fishing Gear Lost in Ocean Each Year to Stretch to Moon and Back*"

- <*The Guardian | Graham Readfearn*>

"*New study reveals 'staggering' scale of lost fishing gear drifting in Earth's oceans*"

다큐멘터리

- <*Ali Tabrizi*>

" *Seaspiracy*" /다큐멘터리

사진

영구동토 층 아이콘 ⓒ *Shutterstock*

4부 고래가 당신에게

논문
- <Craig R Smith, Joe Roman, James B. Nation>
"*A metapopulation model for whale-fall specialists: The largest whales are essential to prevent species extinctions*"
- <Andrew J.Pershing, Line B.Christensen, Nicholas R. Record,
Graham D.Sherwood, Peter B. Stetson>
"*The Impact of Whaling on the Ocean Carbon Cycle: Why Bigger Was Better*"
- <Ralph Chami, Thomas F. Cosimano, Connel Fullenkamp, Fabio Berzaghi>
"*On Valuing Nature-Based Solutions to Climate Change: A Framework with Application to Elephants and Whales On Valuing Nature-Based Solutions to Climate Change: A Framework with Application to Elephants and Whales*"

다큐멘터리
- <Nathalie Bibeau>
"*The Walrus and the Whistleblower*"
- <Tim Gorski>
"*Centar Key_Lolita Slave to Entertainment*"
- <Gabriela Cowperthwaite>
"*Black Fish*"

사진
상영관 고래 및 이미지 ⓒ *MAUI OCEAN CENTER*
팔마 수족관의 고래상영관 ⓒ *AquaDome: Una experiencia única en Europa*
캘리포니아의 고래상영관 ⓒ *California Science Center*

국내 출간된 책
- <레베카 긱스> "고래가 가는 곳"
- <다지마 유코> "저 바다에 고래가 있어"
- <제임스 미드웨이, 조이 골드> "알쏭달쏭 고래 100문 100답
- <애널리사 베르타> "고래와 돌고래에 관한 모든 것"

기타 / 본 저작물에는 '속초바다 돋움'과 '런드리고딕' 서체가 사용되었습니다.
※ 저작권자와 연락이 닿지 않아 미처 확인하지 못한 경우 확인이 되는 대로 협의하겠습니다.